# 微积分导引（上）

An Introduction
to Calculus

唐少强 编著

北京大学出版社
PEKING UNIVERSITY PRESS

**图书在版编目 (CIP) 数据**

微积分导引. 上 / 唐少强编著. —北京：北京大学出版社，2018. 8
ISBN 978-7-301-29778-0

Ⅰ. ①微…　Ⅱ. ①唐…　Ⅲ. ①微积分 - 高等学校 - 教学参考资料　Ⅳ. ① O172

中国版本图书馆 CIP 数据核字 (2018) 第 184918 号

| | | |
|---|---|---|
| 书　　　　名 | 微积分导引（上） | |
| | WEIJIFEN DAOYIN | |
| 著作责任者 | 唐少强　编著 | |
| 责 任 编 辑 | 刘啸 | |
| 标 准 书 号 | ISBN 978-7-301-29778-0 | |
| 出 版 发 行 | 北京大学出版社 | |
| 地　　　　址 | 北京市海淀区成府路 205 号　100871 | |
| 网　　　　址 | http://www.pup.cn | |
| 电 子 信 箱 | zpup@pup.cn | |
| 新 浪 微 博 | @ 北京大学出版社 | |
| 电　　　　话 | 邮购部 62752015　发行部 62750672　编辑部 62754271 | |
| 印 刷 者 | 三河市北燕印装有限公司 | |
| 经 销 者 | 新华书店 | |
| | 730 毫米 × 980 毫米　16 开本　12 印张　229 千字 | |
| | 2018 年 8 月第 1 版　2018 年 8 月第 1 次印刷 | |
| 定　　　　价 | 39. 00 元 | |

# 前　　言

　　微积分是近现代科学最重要的数学工具, 也是所有理工科学生必备的基础知识. 微积分在不同的学校、专业, 常常以《数学分析》或《高等数学》为名出现在本科生培养方案中. 习惯上, 名之以《数学分析》时, 更加偏重数学基础, 也就是说, 要讲授并要求学生掌握严格的极限理论, 甚至实数定义. 而名之以《高等数学》时, 主要要求学生掌握求导求积分这些工具. 更加细致地, (一元) 微积分可由浅入深分成以下四个层次来理解和讲授.

　　1. 牛顿–莱布尼茨公式. 从作为变化率 (几何上就是斜率) 意义的导数入手, 给出导 (函) 数以及导数的基本运算法则 (四则运算、复合、参数表示、反函数、隐函数), 再给出求导的逆运算 (逆算子) 不定积分, 以及作为总求和量 (面积) 的定积分. 牛顿–莱布尼茨公式也称为微积分学基本定理, 联系导数和积分这两种运算, 即定积分可以用不定积分求出 (以及反过来不定积分可以用变上限积分得到). 这就给出了一个完整的作为计算体系的微积分 (用于分析相关应用问题).

　　2. 泰勒公式. 牛顿所称的求导与莱布尼茨所说的微分对一元函数而言是等价的. 微分以局部线性近似为基本出发点, 即函数的增量主要由线性部分 (微分) 刻画, 其余部分是高阶无穷小量 $(o(\Delta x))$. 这里的线性变化率 (微商) 就是导数, 它逐点变化. 对于逐点变化的变化率, 如果再看它的线性增量, 就得到二阶导数, 相当于对原来的函数做二阶多项式近似, 不够准确的部分是更高阶的无穷小量 $(o((\Delta x)^2))$. 如此续行得到的多项式逼近就是泰勒展开. 泰勒展开式包含了丰富的信息, 譬如单调性、极值、凸性等等. 与微分相应, 定积分的理论基础是有限和, 其中每一项来自于对小区间 $\Delta x$ 上函数下方的面积做矩形近似, 这与微分异曲同工. 非常有意义的是, 上述局部近似得到的有限和在分割无限加密时, 准确地给出了定积分这样的整体信息. 另一方面, 在泰勒公式基础上发展出函数的精确近似: 泰勒级数. 更为一般的级数和函数项级数, 是微积分进一步的知识, 其中特别值得重视的是傅里叶级数 (和傅里叶变换). 几乎可以说, 把微积分作为应用工具时, 掌握了傅里叶级数就 "走遍天下都不怕", 因为绝大多数应用都 (近似) 是线性问题, 而傅里叶级数和傅里叶变换处理线性问题特别有效.

　　3. 极限. 如果说前面两个层次更多的是计算的微积分, 那么极限就是分析的微积分. 导数和积分是两种特殊的极限. 极限的根本在于它定义了一个过程, 而不是仅仅着眼于数值本身. 以无穷小为例, 除了 0 没有一个数是无穷小的, 因为总还有比它绝对值更小的数 (例如它的一半). 无穷小描述的是一个不断接近于 0 的过程. 如果以日常生活为例, 考虑一个孩子可能提出的问题: 汽车最慢开多快? 不能回答 0, 因为这时汽车是停着的而不是开着的. 也不能回答 0.001 米/秒, 因为还可以更慢. 正确的回答是看似答非所问的: 汽车慢慢停下来. 这个停下来的过程包含了所有 "慢" 速度, 把不恰当的提问更正为一个可以数学上准确刻画的命题. 定义了作为过程的极限, 就能跳出简单比较大小的窠臼, 进入清晰的无穷大/小的讨论和分析, 微分和积分就有了干净准确的语言基础. 什么是一个微积分意义下的证明, 也就是可以判定, 从而可以传授的了.

4. **实数.** 实数的准确定义, 迄今只不过百年左右, 晚于极限, 更晚于导数和积分. (一元实值) 函数就是实数间的一个映射, 而实数定义里已包含极限过程, 这在本书采用的规范无尽小数定义中格外明晰. 实数四则运算基于上确界和下确界, 确界原理的证明则包括了构造和证明这两个过程, 而且都具备了清晰的极限证明的特征. 完全可以说, 实数的定义、四则运算、比较大小、确界原理不仅在理论上是微积分坚实的基础, 而且在技术和深度上也是微积分知识中的高峰.

以自然数和实数为基础 (**起**) 的数学分析, 给出了极限的严格定义, 这种定义方式符合数学的内在逻辑, 我们要同时看到与自然理解中极限 ($x$ 越靠近 $a$, 则 $f(x)$ 越靠近某个 $A$) 的叙述方式不同. 一旦获得对极限的理解, 就可以通过局部线性近似 (**承**) 得到可微与可导, 并进一步用导函数的办法通过运算得到一般的 (初等) 函数的导数. 接着, 从罗尔定理开始, 发展一系列中值定理 (**转**), 由此不但推出了洛必达法则、泰勒展开, 更重要的是揭示了函数与导函数的关系是可以反求的 —— 当然在差一个常数的意义下, 于是就得到不定积分. 最后, 牛顿–莱布尼茨公式联系了不定积分和定积分 (**合**), 一元微积分的理论也就圆满建成.

作为应用的微积分, 微分运算对于研究函数的极值、单调性、凸性等有着系统简便的讨论方法, 不定积分对于常微分方程求解是一个基本手段, 而在几何、物理等应用中人们通过微元法大量应用定积分的知识处理问题. 即便未能清晰掌握数学分析的理论基础和内在逻辑, 仅仅求导、不定积分、定积分、洛必达法则求极限、费马定理求极值这几个重要的工具, 就在近现代科学中起到了支柱作用. 特别值得强调的是, 这是非常系统、基础和相当完备统一的处理方式, 完全没有数学竞赛风格的炫技. 微积分清楚深刻 (**真**)、可学好用 (**善**)、雍容大度 (**美**).

对于学习和成长来说, 微积分帮助大家从中学教育过渡到大学学习. 首先, 微积分与中学的数学课程一样, 都是严谨建立的, 而不是来自于不同方面的知识堆积, 充分体现了数学 "以概念、因逻辑、求真理、得自在" 的风范. 而在大学今后的学习中, 演绎性的知识体系常常会掺进去不少归纳得来的重要结论. 其次, 微积分课程至少开始时教师会比较完整地带着同学们逐步积累概念、推导性质、证明定理、实施运算、开展应用. 而且, 微积分是大学阶段不多的有习题课的课程之一. 经过这些过程, 学生将逐渐学会自主学习.

　　更加细致地说, 微积分 (和分析类数学) 对于构建知识体系有四个方面的作用.

　　1. 工具. 近现代科学的范式基本上定格在牛顿力学, 而微积分工具决定了科学的基本思维方式是分析 —— 不断分而析之直至无穷小, 以及在此基础上的综合 —— 求积分. 细思一下, 按理说人们应该对离散的算术/数学更加熟悉, 但现代科学几乎完全是连续数学 (微分方程为代表) 的天下 (直到计算机普及才有所改观). 于是, 学习作为工具的微积分必须达到算得又快又准的水平. 一般而言, 算得慢与不熟练有关, 不熟练就容易出错. 而对于后续的理工科课程, 求导求积分是个基本功, 大量用到, 因此微积分计算直接决定了后续课程的学习进度和质量, 无论怎样强调都不为过.

　　2. 语言. 微积分作为语言的含义有二. 一方面, 它是微分方程、复变函数、泛函分析等分析类课程的基础, 成熟的学科一般都有独特的控制方程, 譬如弹性力学方程组、纳维–斯托克斯方程组、薛定谔方程、麦克斯韦方程组、反应动力学方程组, 等等, 这些学科的叙述方式就依赖于微积分提供的语言. 可以说, 不懂微积分就无法登堂入室. 另一方面, 微积分提供了准确清晰的词汇、语法和章法, 这对于叙述、思考和解决问题以及交流是基础性的. 这正如今日的我们很难理解古人对于马, 或者法国人对于葡萄酒和奶酪有很多分法, 也就更不可能进一步深入探讨. 语言对于思维的重要性, 从德语的严谨和德国产生的一批哲学家、数学家等也可见一斑. 语言为思想编织了一个网, 大学一入门先编上一套缜密结实的微积分之网是今后学习所必需的①.

　　3. 思想. 牛顿以微积分为语言率先发展出的力学体系, 具备了欧几里得几何那样清晰、准确、通用的特点, 对于科学的发展、人类思想的进步提供了前所未有的可能性. 虽然与哲学、法律等同样强调逻辑、思辨, 但科学上概念和命题的清晰使得结论可以也必须通过平等开放的交流达到, 而非凭权力、财富、声望、地位来主宰钳制. 就数学而言, 如果同一个问题两个人得到不一致的结论, 那么至少一个人是错的②. 基于微积分等数学语言发展、表述出来的现代科学及技术, 充分表明这种基于平等、自由的思考是如何深刻、先进、势不可当. 我们学习微积分, 需要认真体会这种思想, 努力向着 "概念清" 前进, 这也是数学分析区别于高等数学的重要方面. 证明题对概念清尤为重要, 知道一个命题需要证明、什么是一个证明、如何得到证明的关键想法, 以及怎样完整严谨地论述, 这是科学思维训练的核心, 从这个角度看, 数学技巧反而只是术而非道.

_____

①这个网由细入粗易, 由粗入细难.
②转引自石根华教授, 这里 "错的" 似应包括不完整.

4. 人格. 由于微积分的上述特点, 学习了微积分, 并且以此作为基本手段进一步学习工作的人, 浸淫日久, 就会受其影响, 在思考、做事、为人上都有所不同. 首先, 建立了一种分析的思维方式, 讨论事情讲求明确、准确, 研究问题善用逻辑、计算, 认识世界相信万物自有理在其中; 其次, 对于定量化有更高的期待, 也有更高明的手段进行处理; 再次, 能够从细小处着手, 不断积累、转变、提高, 直至取得完整的认识. 由此而往, 对世界的理解不断精进, 对一己的期待不断努力而又自知自足, 认识到在 "数" (自然规律、社会规律) 面前人人平等, 生出不卑不亢、不喜不悲之心. 世人心目中发呆的数学家, 又何尝不正是得大智慧者的形象呢?

对于学习微积分, 光有上述 "心法" 远远不够. 我们还是从课前、课上、课后, 以及教材、参考书、习题分别来说.

新入大学的同学容易有一个误解, 以为大学听听课、写写作业、考前突击一下就能完成学业. 其实不然. 大学, 尤其是强手如林的好大学, 一个基本的特点就是学习时间不够用. 对于平均智力和基础的同学, 普通难度的课程, 不很突出的成绩期望值, 一门课程的总学习时间大概是课时的 3 倍. 以 "微积分" 为例, 每周 4 学时大课加上 2 学时习题课, 课后应该花大概每周 12 小时 (4 个 3 小时时段 —— 上午、下午、晚上). 如果期待有更大的提高, 还得继续增加时间. 学习时间如果达不到, 就不必讨论学习方式的改进了. 在足量学习时间的前提下, 学习方式其实包括两部分: 一是过去已经建立好的学习习惯, 譬如预习、复习的习惯, 积累错题的习惯, 与同学讨论交流、咨询主讲老师和助教的习惯, 都应该悉数保留; 另一部分是大学特色的新的学习方式, 这是应该要努力学习、尝试、建立的. 大学学习更为自主, 学习方式因人而异, 没有最好的, 只有最合适的. 而因为尝试最费时间, 所以不建议一年级的同学选很多课, 参加过多的课外活动和社会服务. "微积分" 需要长时间静心的学习才能有效掌握知识技能. 课前的预习未必要花很多时间, 稍看一下, 搞清楚大致的来龙去脉、跟已学知识的关系, 特别是看出难点、重点在哪里, 接着课上就可以选择性地集中注意力听讲、思考. 课后是大学学习中最主要的. 一般而言, 应该先读书, 回顾主要知识点, 然后再开始完成作业, 并且补充完成足量作业外的习题来熟悉各种思路和题型, 此外留出时间思考和讨论. 思考, 是指自己花时间整理知识和技巧; 讨论, 是指就自己不明白的问题问别人, 和帮助别人解释消化他 (她) 的难点. 大家一般都愿意花时间思考, 但是对于讨论, 往往只愿意问别人自己不明白的, 不怎么情愿把时间花在为别人解难. 其实, 对于知识点多、逻辑深长的微积分, 给别人讲解往往对自己的帮助更大, 自己以为明白和能给别人讲明白之间有一个很大的飞跃, 只有真正清楚, 又善于言语表达才能做到后者, 这里且不说助人为乐带来的人品提升. 而通过训练自己真正清楚, 以及通过理解别人之所以不理解相关内容的困难所在, 对于更好掌握知识体系和逻辑结构绝对很有帮助.

教材是教员授课的基础, 一般也是考试的依据. 对于学生而言, 教材有一定可能性不适合个人喜好, 这可能是因为叙述方式, 也可能是因为知识安排, 甚至书本的印刷排版风格都会影响阅读体验. 譬如, 有的同学喜欢逻辑严谨、一板一眼的教材, 有的同学则喜欢从例子入手, 先讲清楚目标用途, 再说具体技术细节的教材. 当教材不适合作为唯一读物, 就要选择 1 ~ 2 本参考书, 可以到图书馆、书店直接查找, 不需要非得跟教材的要求、水准一致, 看得顺眼、跟得舒服就好, 因为微积分的主要内容在不同的书里都是差不多的, 先通过适合自己的参考书掌握到大的方面, 再去读教材求精就更有成效一些. 接着就要说到习题和习题课. 可以说, 大课 (主讲) 往往只提供微积分学习的一个基础, 上课觉得听懂了, 跟能够顺利理解和应用所学知识做题之间有很大距离. 这其实是一个建模的过程, 即把要完成的作业上的问题化成微积分大课传授的知识技能所能解决的模型, 习题课就带着同学们学会走过这段距离. 习题是真正自己学会课程内容、应用解题最重要的部分, 只有通过解题, 才能真正理解和掌握微积分, 术之不存, 道将焉附? 那么, 题目应该做多少才合适呢? 一般而言, 多多益善. 微积分可以说是人类智慧最密集的课程, 数百年来最聪明的脑袋积累下来的知识, 经过上百年的几乎所有正规大学理工科的讲授整合, 知识密度不是一两个学期做题就能完全解压的. 在肯定做不完的前提下, 可以有一些选题的技巧, 那就是: 每段内容基本 (简单) 题要完整地做几道, 掌握基础和规范表述, 其他基本题跳着比划一下, 有思路就可以放掉, 直至遇到新题、中等题. 中等题需要根据时间多做一些, 这部分是提高自己水平最有用的, 没有思路的时候, 可以适当找一些例题、解答, 但一定要自己想过之后再找答案. 难题是一定有的, 而且必须总有几道装在脑子里, 目的不是为了解出来, 而就是为了训练思维. 正如禽类的嗉囊, 里面的沙子没有什么营养, 但可以用来磨食. 正因为不会做, 所以能够逼着自己左冲右突、尝试各种可能, 即便这些可能性最后都没帮助实现解决问题的目标, 尝试的过程对于理解概念、定理、技术的各个侧面会裨益甚大. 需要特别指出的是, 这里所说的难易程度, 因人而异、因时而异.

　　从 1997 年起, 我在北京大学力学系和之后的工学院讲 "数学分析/微积分", 迄今 10 轮. 我们一直选用北京大学出版社经典之作, 张筑生教授编著的《数学分析新讲》. 它知识完整、结构清晰、逻辑缜密, 是一本难以逾越的教材, 我从中受益匪浅. 北大力学系源自于 1952 年成立的数力系力学专业, 是全国第一个理科力学专业, 理科力学对于数学的要求在所有非数学专业中是最高的. 因此, 数学分析课一直与数学系 (后来称数学科学学院) 同等要求, 并于 1999 年就作为组成部分纳入北京大学 "数学分析" 本科生优秀主干基础课体系. 由于生源不同、后续培养方案和应用背景不同, 对于力学专业的学生和以发展 "science-based-engineering" 为己任的工学院的学生而言, 授课的要求和方式也有所不同. 譬如, 我们首先要求学生 "算得快", 在此基础上再要求学生 "概念清". 再如, 数学系有后续实变函数等课程可以加深学生对实数理论的理解, 而我们没有, 因此为了知识的完整必须一开始就把实数理论讲全, 这对初入黌门的不少学生而言有很大挑战性. 在教学过程中, 我们发现需要更新一些内容、调整一些讲法、增加一些浅显的陈述、勾连一些蛛丝马迹, 以帮助我们的学生更愿意学、学得更有效, 因此, 本人不揣浅陋, 将历年讲义蒐集成册, 名之曰《微积分导引》. 导引中编入的习题, 量相当小, 只够帮助粗粗消化主要内容, 应该配合《吉米多维奇习题集》服用.

感谢前辈老师, 特别是武际可老师、王敏中老师、叶以同老师, 和一同教学的同事们, 以及历年来的助教.

感谢参加这门课程学习的同学们. 北京大学之所以成为北京大学, 是因为你们, 而不是我们; 将因为你们, 并不是我们.

感谢协助讲义输入的白彬、郝进华, 此外, 董子超同学提供了部分习题.

感谢北大出版社的刘啸同志在编辑出版上的帮助, 以及力学系王勇教授的校阅.

# 目　　录

# 第一章　实数与直线

说起实数 (real number), 我们通常都觉得很熟悉. 其实仔细推敲一下, 事情并不那么简单. 要知道, 微积分是牛顿 (Isaac Newton, 1642 — 1727) 和莱布尼茨 (Gottfried Wilhelm Leibniz, 1646 — 1716) 在 17 世纪创立的, 而实数理论则过了二百年, 在戴德金 (Dedekind) 等人手上才真正弄明白.

俗话说: 不入虎穴, 焉得虎子? 只有深入, 才能浅出, 本章介绍的实数理论实际上是微积分课程中最为深刻的一段. 我们将几乎是空手 (但逻辑是要用到的) 定义出自然数、有理数、实数、四则运算, 而微积分的核心概念 "极限" 就建立在这些定义的基础之上. 在学完一元微积分后, 应当重新学习本章, 你就会有更深的理解和体会.

## 1.1　实数的定义与直线

问题: 什么是 $\sqrt{2}$?

这看起来是个很简单的问题. 我们可以试着这么回答: $\sqrt{2}$ 是 2 的正平方根. 但什么是 2? 什么是正? 什么是平方根? 为什么 2 有正的平方根? 是不是只有一个? 如果是, 为什么?

要回答这些问题, 我们得从自然数讲起. 大家知道, 自然数[①] (natural number) 是指 $1, 2, 3, \cdots$, "严格" 的定义可以用枚举的办法, 也就是说 $i \in \mathbb{N} = \{1, 2, 3, \cdots\}$, 但这省略号表示什么呢? 事实上, 自然数的定义是和加法联系在一起的, 换言之, 自然数可以用第一个数 1 和后继为基础说清楚. 自然数集合的严格定义如下:

**公理 1.1 (皮亚诺, Peano)**

(P1) 有数 1;

(P2) 每一个数 $m$ 都有一个后继, 记为 $m + 1$;

(P3) 1 不是任何数的后继;

(P4) 若 $m + 1 = n + 1$, 则 $m = n$;

(P5) (归纳公理) 若自然数集的一个子集合满足 (P1) 和 (P2), 则它就是自然数集.

---

①本书自然数集合的定义不包括 0, 与中小学阶段略有不同.

这里定义了一个以 1 为首的一列 "数字" 队伍, 我们依次称它们为 $2, 3, 4, \cdots$, 这就解释了省略号的意思. 大致说来, (P1) 和 (P3) 说明了 1 是个头; (P2) 说明了有一个排好队的链; (P4) 和 (P5) 说这个链不打圈, 而且就只是这一个链.

自然数的加法来自于我们把后继解释为加 1, 具体地说, $n$ 的后继为 $n+1$, 而 $m+n$ 可以定义为 $[(m+1)+1]+1+\cdots$, 或者递归定义 $m+(n+1) = (m+n)+1$. 可以证明 (试一试!) 这样定义的加法满足:

(1) 交换律 $m+n = n+m$;

(2) 结合律 $(m+n)+p = m+(n+p)$.

我们就交换律做示例性的证明.

首先, 我们看到 $1+1 = 1+1$, 那么, 由 2 的定义知道 $1+2 = 1+(1+1)$, 再由加法的递归定义, 知道 $3 = 2+1 = (1+1)+1 = 1+(1+1)$. 这样, 结合二者就得到 $1+2 = 2+1$.

类似地, $1+3 = 1+(2+1) = (1+2)+1 = 3+1$. 如此, 可以递归地证明 $m+1 = 1+m$[①].

再试试增大加号后边的 $n$. 我们知道 $2+2 = 2+2$, 表示 2 后边第二个后继, 即 4. 那么 $3+2 = 3+(1+1) = (3+1)+1 = 4+1 = (2+2)+1 = 2+(2+1)$. 请试着讨论一下, 这里的每一步是用的自然数定义、加法递归定义的哪一条.

因为自然数集合通过后继来定义, 我们就得到了数与数之间的一种 "序" 的关系, 大于、等于和小于的意思于是就知道了: 排在后边的数较前边的数更大. 任给两个自然数 $m$ 和 $n$, 必有三种关系中的一种出现, 而且只有一种. 这就是说, 自然数可以比较大小. 后面我们将看到, 实数比较大小要困难许多.

自然数这个定义对于微积分来说, 非常重要的是第一次清晰、准确地刻画了一个无穷的概念. 我们没有定义任何一个数是无穷大. 事实上, 任给一个自然数 $n$, 都存在比它更大的数, 如 $n+1$. 但是, 自然数逐渐加大这样一个无穷的过程, 定义了一个无穷. 我们今后会不断看到这样一个作为过程的 "无穷".

顺便提一下, 数学归纳法的基础正是源于自然数的定义.

**定义 1.1 (数学归纳法)**　要证明当 $n$ 等于任意一个自然数时命题 $A$ 成立, 可将其分下面两步:

(1) 命题 $A$ 对 $n=1$ 成立;

(2) 假设命题 $A$ 对 $n=m$ (或 $1 \leqslant n \leqslant m$) 成立, 则它对 $n=m+1$ 成立. 那么, 命题 $A$ 对所有 $n \in \mathbb{N}$ 成立.

整数 (integer number) 的定义, 来自于人们对加法的逆运算 —— 减法的需要. 如果 $m+p = n$, 那么定义 $n-m = p$. 和加法一样, 其实我们也可以只是定义减 1,

---

[①]递归指数学归纳法, 含义见下一段.

而减 $n$ 就是重复 $n$ 次减 1. 但问题是, 1 减 1 是什么? 进而问 $n - m(n < m)$ 是什么? 这在自然数集中是无法说清楚的, 也就是说, 自然数集对减法不封闭. 整数应运而生.

这里, 特别值得一提的是 0. 如果说自然数的出现是从生活中 "有 1 个苹果, 再有 1 个苹果, 就有了 2 个苹果" 加以抽象的话, 那么 0 的出现则是人类思维的一个突破, 用 "有 0 个苹果" 表示了 "没有苹果".

从 $1 - 1 = 0$ 我们可以用数学归纳法证明 $n - n = 0 (\forall n \in \mathbb{N})$[①], 于是有 $n + 0 = 0 + n = n$, 而 0 就称为加法的单位元 (零元). 负数可以定义为逆元, 也就是说, $-n$ 定义为满足 $n + (-n) = (-n) + n = 0$ 的数. 整数集合是所有自然数和它们的逆元以及 0 的并集. 试着用减法的定义、加法的性质和 0 的性质证明一下, 这样的数 $-n$ 是唯一的. 特别地, 0 的逆元是它本身. 自然数又称正整数 (positive integer), 自然数的逆元给出的数称为负整数 (negative integer).

运用 0 的性质和交换律、结合律, 现在加法已经可以定义到整数集 $\mathbb{Z}$[②] 上: 如果两个都是正数, 就用自然数加法的定义; 如果都是负数, 定义为 $(-m) + (-n) = -(m + n)$, 其中 $m + n$ 用自然数加法的定义; 如果一正一负, 定义为 $(-m) + n = -(m - n)$ (如果 $m \geqslant n$) 或 $(-m) + n = n - m$ (如果 $m \leqslant n$). 容易知道, 这样的加法是良定义的, 并满足交换律和结合律.

两个整数大小的比较可以通过自然数的大小来确定. 以大于为例, 两个正整数的比较就是自然数的比较, 任一个正整数比 0 大, 0 又比负整数大 (大于有传递性, 因而这就隐含了正整数比负整数大), 而两个负整数 $-m > -n$ 当且仅当 $n > m$.

人类 "偷懒" 的力量是无止境的. 有了加法, 人们还想到乘法. 事实上, 前面自然数 $n$ 就是定义为 1 的第 $(n-1)$ 个后继, 或者 $n$ 个 1 连加 (因为有结合律, 连加不引起歧义).

说到这里, 上面所有的内容并不涉及自然数的记法. 有了乘法, 就可以有数的进制. 例如, 我们通常用的十进制数只要十个数字 $\{0, 1, 2, 3, 4, 5, 6, 7, 8, 9\}$, 而数

$$a_n a_{n-1} \cdots a_0 = a_n \times \underbrace{10 \times \cdots \times 10}_{n} + a_{n-1} \times \underbrace{10 \times \cdots \times 10}_{n-1} + \cdots + a_0,$$

其中 $a_i \in \{0, 1, 2, 3, 4, 5, 6, 7, 8, 9\}, i = 1, 2, \cdots, n, a_n \neq 0$.

还是为了 "偷懒", 人们称 $n$ 个相同的数 $a$ 的连乘为乘方 (power), 记为 $a^n$. 特别地, 2 个连乘为平方 (square), 3 个连乘为立方 (cubic). 于是上式可记为

$$a_n a_{n-1} \cdots a_0 = a_n \times 10^n + a_{n-1} \times 10^{n-1} + \cdots + a_0.$$

①这里 $\forall$ 表示集合中随便哪一个元素, 读成 "任给", 从 any 的第一个字母 a 大写成 A 再倒过来而得.

②来自于德语 Zahl (数).

现在回到乘法上来. 结合加法的性质可以知道, 整数的乘法有

    (1) 交换律 $a \times b = b \times a$;

    (2) 结合律 $(a \times b) \times c = a \times (b \times c)$;

    (3) 乘法关于加法的分配律 $a \times (b + c) = a \times b + a \times c$.

整数乘法的单位元 (幺元) 是 1, 即 $a \times 1 = 1 \times a = a$.

与减法的想法类似, 我们也可以定义除法为乘法的逆运算: 如果 $a \times b = d$, 其中 $a, b \in \mathbb{Z}$, 则定义 $d \div a = b$. 与减法的困境类似, 整数关于除法也是不封闭的. 这里不封闭有两种情况: 一是给定数 $d, a \in \mathbb{Z}, a \neq 0$, 不存在 $b \in \mathbb{Z}$ 满足 $a \times b = d$, 这时称 $d$ 不能整除 $a$; 二是 $a = 0$, 无论 $d$ 是多少, $d \div a$ 都没有意义 (如果 $d = 0$, 任何 $b \in \mathbb{Z}$ 都有 $a \times b = d$; 如果 $d \neq 0$, 则不存在 $b \in \mathbb{Z}$ 使 $a \times b = d$).

人们对于这两种情形的处理方式截然不同. 对于后者, 人们规定 0 不可以作除数; 对于前者, 人们则发展出有理数 (rational number)[①] 的概念. 这两种处理事物的方式, 广泛应用于数学和其他学科的研究中. 适当的推广往往是新兴理论的萌芽, 因为在推广了的情形下, 原先的理论所赖以成立的条件有的就不再满足, 而原先理论中各种结论是否成立的讨论, 则给出新理论发展所需要的动力并指明方向, 试图证明或证否这些结论的过程, 不但发展了新的理论, 更加深了我们对原理论的理解.

有理数应该说对算术是恰当的, 不仅可以圆满解决日常生活中的各种基本需要, 而且四则运算 (加减乘除) 在有理数集 $\mathbb{Q}$[②] 中都是封闭的. 由于任何两个整数都有公倍数, 事实上还有最小公倍数, 加减和大小判断可以通过通分来实现. 一般来说, 把两个有理数写为有着共同分母的分数, 就可以 "为所欲为" 了!

**例 1.1** 比较 22/7 与 335/113 的大小.

**解** 我们可以把它们分别写为

$$\frac{22}{7} = \frac{22 \times 113}{7 \times 113} = \frac{2486}{791}, \frac{335}{113} = \frac{335 \times 7}{113 \times 7} = \frac{2345}{791},$$

于是知道

$$\frac{22}{7} > \frac{335}{113}.$$

自然数 (整数) 有公倍数这个性质, 在这里起了重要作用. 换句话说, 通过采用更小的单位 (1/791), 我们看到 22/7 是 2486 个单位, 而 335/113 是 2345 个单位, 这和我们量尺寸时使用米尺、千分尺的过程是一样的. 用几何的语言说, 我们能用 1/791 这个单位公度上述两个有理数.

由于有理数这么 "好", 古希腊的毕达哥拉斯 (Pythagoras) 只承认有理数, 传说他因此把其门徒中认识到一定有无理数 (irrational number) 的希帕索斯 (Hippasus)

---

[①] rational 来自于字根 ratio (比).

[②] 来源于 quotient (商).

扔进了海里. 事实上, 无理数不仅存在, 而且比有理数 "多得多", 但这个 "多得多" 的具体意思这里暂且按下不表.

最先发现的无理数或许是 $\sqrt{2}$. 我们知道, 与中国《周髀算经》发现 "勾三股四弦五" 一样, 毕达哥拉斯本人发现了直角三角形边长间的关系, 因此, 勾股定理在西方称为毕达哥拉斯定理. 而单位正方形的对角线长便是这个令毕达哥拉斯挥之不去的 $\sqrt{2}$. 可能他是知道 $\sqrt{2}$ 不是有理数的, 但悔不该恼羞成怒, 错斩贤徒, 自毁长城和一世英名!

**例 1.2** $\sqrt{2}$ 不是有理数.

**证明** 反证法. 若 $\sqrt{2}$ 是有理数, 设 $\sqrt{2} = p \div q$, 其中 $p, q \in \mathbb{N}$, $(p, q) = 1$, $(p, q)$ 表示它们的最大公约数. 两边同时平方, 得 $p^2 = 2q^2$, 即 $p^2$ 为偶数, 因此必有 $p$ 为偶数. 设 $p = 2m$, $m \in \mathbb{N}$, 代回得 $q^2 = 2m^2$, 因而 $q$ 为偶数. 所以, 2 是 $p, q$ 的公倍数, 与 $(p, q) = 1$ 矛盾. 因此, $\sqrt{2}$ 不是有理数[①].

值得注意的是, 通过这个证明, 我们并没有得到 $\sqrt{2}$ 的定义, 因为对于无理数, 我们并没有定义其乘法, 于是 $\sqrt{2} \cdot \sqrt{2} = 2$ 并不能定义出来 $\sqrt{2}$. $\sqrt{2}$ 的定义我们还得等到后面定义了实数乘法才能说得更清楚一点. 实数, 可以对应于数轴 (定义了原点和单位长度的直线) 上的点. 其严格定义, 一般用戴德金分割. 我们这里用的是另一种等价的, 更为直观一点的构造式的定义. 我们定义实数为 " 规范的无尽小数". 无尽小数形如

$$a = \pm a_0.a_1 a_2 \cdots a_n \cdots.$$

这里有四个部分: 正负号、整数部分 $a_0$、小数点, 以及小数部分. 我们要强调的是小数部分, 对于每一个固定的小数点后第 $i$ 位, 就有一个 $a_i \in \{0, 1, 2, 3, 4, 5, 6, 7, 8, 9\}$, 在我们心目中其实想定义这个数就是

$$a = \pm \left[ a_0 + \sum_{i=1}^{\infty} a_i \times 10^{-i} \right].$$

需要注意的是, 这样的无穷求和目前还没有定义. 所谓的规范小数, 必须符合以下两个规则

$$\begin{cases} +0.000\cdots = -0.000\cdots; \\ \pm a_0.a_1 a_2 \cdots (a_n + 1)000\cdots = \pm a_0.a_1 a_2 \cdots a_n 999\cdots, a_n < 9. \end{cases}$$

等式左端的无尽小数称为规范的无尽小数, 右端的不规范. 对于规范的无尽小数 $a$, 我们改变其符号得到的数称为它的相反数, 记为 $-a$, 而如果把它的符号总是改为 "+", 则称它的绝对值, 记为 $|a|$.

---

[①] 这个证明最早见于欧几里得《几何原本》.

此外, 符号为 "+" 的称为非负数, 如果非 0 则称为正数, 我们以后省略 "+". 符号为 "−" 的称为负数.

对于从某一位以后均为 0 的无尽小数, 我们省略后面的这些 0, 并称之为有尽小数 (是一种特殊的无尽小数). 对于小数点后均为 0 的无尽小数, 我们把它等同为整数, 省略小数点及其后的 0.

对于整数, 我们按照前面的方式定义加减法和乘法. 对于有尽小数, 我们可以仿照整数, 在移位后进行加减法和乘法, 并重新在合适的位置放上小数点. 可以证明, 这样定义的有尽小数运算满足前述整数运算的各种性质.

## 1.2　大小比较与确界原理

对于实数的性质, 我们要着重讨论的是比较大小. 定义正数比 0 和负数大, 0 比负数大. 两个正数相比, 称

$$a = a_0.a_1a_2\cdots a_n\cdots > b = b_0.b_1b_2\cdots b_n\cdots,$$

若 $a_0 > b_0$, 或对于某个 $n : a_0 = b_0, \cdots, a_n = b_n, a_{n+1} > b_{n+1}$.

强调一下, 这里的 $n$ 是一个有限的数, 即大小不同必定是在有限位就能检查到的. 我们看到, 前面的规范小数定义十分重要, 否则就会出现 $1 > 0.999\cdots$ 这样的问题.

对于负数, 我们称 $a > b$ 若 $-b > -a$ (用正数大小比较可以判断).

通过这样定义的大于关系, 可以证明, 在实数集上定义了一个全序, 即任何两个数 $a$ 和 $b$, 必有 $a > b, a = b, b > a$ 三者有且只有一个成立 (三歧性). 而且, 大于关系有传递性 ($a > b, b > c$, 则 $a > c$).

顺便地, 我们定义小于关系为: $a < b$, 若有 $b > a$.

现在我们可以陈述实数的阿基米德性质: $\forall a > 0, \exists n \in \mathbb{N}$, 满足 $n > a$. 事实上, 我们只要取 $n = a_0 + 1$ 即可. 在定义了分数之后, 取 $a = \dfrac{1}{\varepsilon}$ 即可给出阿基米德性质的另一个表述: $\forall \varepsilon > 0, \exists n \in \mathbb{N}$, 满足 $\dfrac{1}{n} < \varepsilon$.

现在, 对于一个实数组成的集合 $E \subset \mathbb{R}$, 我们定义 $\alpha$ 是它的一个上界, 若 $\forall a \in E, a \leqslant \alpha$. 同样, 我们可以定义它的一个下界 $\beta$, 若 $\forall a \in E, a \geqslant \beta$. 如果集合既有下界又有上界, 我们就称它是有界集.

如果集合有上界, 那么上界一定是不唯一的, 因为若 $m$ 是 $E$ 的上界, 则 $m + 1$ 一定也是. 因此, 我们要定义 "最小" 的上界, 称为上确界.

**定义 1.2** $M$ 是数集 $E$ 的上确界, 若 $M$ 是 $E$ 的上界且 $\forall m$ 为 $E$ 的上界, 都有 $m \geqslant M$. 我们记 $M = \sup E^{①}$.

类似地, 我们可以定义 $E$ 的下确界, 记作 $m = \inf E$.

现在用实数定义证明确界原理, 它可以作为后续微积分理论的出发点.

**定理 1.1 (确界原理)** 任何非空有上界的集合必有唯一上确界; 任何非空有下界的集合必有唯一下确界.

**证明** 我们以后者为例证明.

(1) 先假设 $0$ 是 $E$ 的一个下界, 换言之, 设 $E$ 中所有的元素都非负.

(a) 我们构造出实数 $m$ 作为下确界的 "候选人".

$E$ 非空, 故可从中任取一个元素 $a$, 又 $0$ 为下界, 故 $a = a_0.a_1 a_2 \cdots a_n \cdots$ 非负.

由于 $a < a_0 + 1$, 故 $a_0 + 1$ 不是 $E$ 的下界. 我们可以通过最多 $a_0 + 1$ 轮检验$^{②}$找到 $m_0 \in \{0, 1, \cdots, a_0\}$ 为 $E$ 的下界, 而 $m_0 + 1$ 不是 $E$ 的下界.

接着, 我们最多检查 10 轮, 必可找到 $m_1 \in \{0, 1, \cdots, 9\}$, 使得 $m_0.m_1$ 为 $E$ 的下界, 而 $m_0.(m_1 + 1)$ 不是 $E$ 的下界. 这里, 我们用 $m_0.(m_1 + 1)$ 来表示有尽小数相加的 $m_0.m_1 + 0.1$, 也就是说, 当 $m_1 = 9$, 它表示 $m_0 + 1$.

如此续行, 我们可以对每一个自然数 $n$, 经过检验得到 $m_0.m_1 m_2 \cdots m_n$ 为 $E$ 的下界, 而 $m_0.m_1 m_2 \cdots (m_n + 1)$ 不是. 这样, 我们就构造了无尽小数 $m = m_0.m_1 m_2 \cdots m_n \cdots$.

(b) 我们首先验证它的确是实数, 即它是规范小数.

如若不然, 设对小数点后第 $n + 1$ 位起, 所有 $m_i = 9$, 而 $m_n < 9$, 那么对 $E$ 中任何一个数 $a = a_0.a_1 a_2 \cdots a_n \cdots$, 因其规范, 必有某个 $p > n$, 使得 $a_p < 9$. 而 $m_0.m_1 m_2 \cdots m_n \cdots m_p$ 是下界, 则必须 $a \geqslant a_0.a_1 a_2 \cdots a_n \geqslant m_0.m_1 m_2 \cdots (m_n + 1)$. 此即 $m_0.m_1 m_2 \cdots (m_n + 1)$ 是 $E$ 的一个下界, 与我们的构造矛盾.

下面我们再证它就是下确界. 这包括两部分, 即 $m$ 是下界, 且 $E$ 的任何下界都不大于 $m$.

若 $m$ 不是下界, 则 $\exists a = a_0.a_1 a_2 \cdots a_n \cdots < m_0.m_1 m_2 \cdots m_n \cdots$, 根据定义, 一定 $\exists n, a_0 = m_0, \cdots, a_{n-1} = m_{n-1}$, 而 $a_n < m_n$, 于是 $a < m_0.m_1 m_2 \cdots m_n$, 与前述构造矛盾.

若 $E$ 有下界 $b = b_0.b_1 b_2 \cdots b_n \cdots > m_0.m_1 m_2 \cdots m_n \cdots$, 则 $\exists n, b_0 = m_0, \cdots, b_{n-1} = m_{n-1}$, 而 $b_n > m_n$, 这说明 $m_0.m_1 m_2 \cdots (m_n + 1)$ 是 $E$ 的一个下界, 与我们的构造矛盾.

---

①sup 是拉丁文 supremum 的缩写.

②这里的每一轮检验都涉及 $E$ 中元素那么多次两两比较, 甚至可以比自然数定义的无穷还要 "多".

(c) 我们证明下确界是唯一的. 若 $b$ 与 $m$ 都是 $E$ 的下确界: 由 $b$ 为下确界, 知 $b$ 为下界, 而 $m$ 为下确界, 由定义知 $b \leqslant m$; 同理 $m \leqslant b$. 因此, $m = b$.

(2) 下面, 我们研究如果 0 不是 $E$ 的一个下界时确界原理的证明. 若 0 不是 $E$ 的一个下界, 说明 $E$ 中含有负数, 那么我们考虑另一个集合

$$F = \{-a | a \in E\}.$$

由假设知, $F$ 中必含有正数. 而且, 若 $b < 0$ 是 $E$ 的一个下界, 那么, $-b > 0$ 就是 $F$ 的一个上界. 仿照上面的证明, 我们可以知道 $M = \sup F > 0$ 存在. 可以证明, $-M$ 就是 $E$ 的下确界.

## 1.3　实数的四则运算

实数是无尽小数, 如果要通过构造的办法定义其加减乘除, 就不能避免无穷位的运算、进位等. 有了确界原理, 我们就可以简洁地定义四则运算了.

$$a + b = \sup\{\alpha + \beta | \alpha \leqslant a, \beta \leqslant b, \alpha, \beta \text{为有尽小数}\}.$$

如前所述, 有尽小数的加法可以根据整数的加法方便地定义, 而我们容易构造出集合 $\{\alpha + \beta | \alpha \leqslant a, \beta \leqslant b, \alpha, \beta \text{为有尽小数}\}$ 的一个上界 (如 $(a_0 + b_0 + 2)$). 用确界原理就知道上确界存在. 这就定义了实数加法.

问题有二: 易知 $a + b = \inf\{\alpha + \beta | \alpha \geqslant a, \beta \geqslant b, \alpha, \beta \text{为有尽小数}\}$ 也可定义加法, 二者是否相等? 又, 对于整数, 我们原来已定义加法, 其和数与把它们作为实数定义的和是否一致? 对于有理数, 我们可以通过通分定义加法, 是否与上述定义一致? 这些问题的答案都是肯定的, 但是我们把证明留给有兴趣的读者.

上述第一个问题的正面回答, 也可以表述为: 对于给定的两个实数 $a, b$, 有唯一的数 $c$, 满足对任意的有尽小数 $\alpha \leqslant a \leqslant \alpha', \beta \leqslant b \leqslant \beta'$, 有 $\alpha + \beta \leqslant a + b \leqslant \alpha' + \beta'$.

以 $\sqrt{2} + \sqrt{3}$ 为例, 按照 $\sup$ 定义加法时, 根据上确界的构造过程, 表示该和的实数在做到第若干位时, 其实就是用 $\sqrt{2}$ 和 $\sqrt{3}$ 的截断到若干位有尽小数时的近似值做加法后, 再向上增加一点点得到. 类似地, 按照 $\inf$ 定义时, 是有尽小数做加法后可能减去一点点得到. 而随着位数的增加, 这二者的区别越来越小, 或者说, 到增加到的位数前两、三位 (一般是一位, 但根据进位情况的不同, 可能是多位), 这二者是完全一样的. 这里就已经包含了取 "极限" 的意思了.

减法定义为

$$a - b = a + (-b) = \sup\{\alpha - \beta | \alpha \leqslant a, \beta \geqslant b, \alpha, \beta \text{为有尽小数}\}.$$

对于乘法, 我们先定义两个非负数的乘法

$$a \cdot b = \sup\{\alpha \cdot \beta | 0 \leqslant \alpha \leqslant a, 0 \leqslant \beta \leqslant b, \alpha, \beta \text{为有尽小数}\}.$$

然后, 对于两个负数, 我们定义为其绝对值的乘积. 对于一正一负的情形, 我们定义积为绝对值乘积的相反数.

除法的定义, 关键在于定义一个正数 $a$ 的倒数. 事实上, 我们可以定义

$$\frac{1}{a} = \sup\{\alpha | \alpha > 0 \text{为有尽小数, 且} \alpha a \leqslant 1\}.$$

用阿基米德性质, 我们知道这里用到的集合是非空的, 而且利用 $a$ 的第一个非零项就可以构造出一个上界.

除法即可定义为被除数与除数之倒数的乘积.

最后, 为什么要这么定义四则运算? 这里的考虑包括: 一致性、避免复杂的原则、温故知新. 由于有尽小数的四则运算可以套用整数的运算方法 (加上拿掉与添加小数点, 相当于乘以和除以 10 的若干次方), 并满足加法交换律、结合律, 以及乘法的交换律、结合律、关于加法的分配律等, 特别是关于比较大小的一些规则, 经过求上下确界这样的过程, 上述性质都保留下来.

## 1.4 无穷之比较

通过皮亚诺定义, 我们清晰地刻画了一个 "无穷" 的过程, 正是用这个自然数的无穷过程, 我们定义了每一个实数: $n \to a_n$.

另一方面, 实数集包含了自然数集, 因此其中元素 (实数) 的个数当然比自然数更多.

对于无穷的比较, 我们首先引入一个简单的例子, 来说明不能简单用有限集之间比较多少的办法来做比较.

对于有限集, 我们是通过数其中元素的个数来加以比较的, 此即找到一个集合与标号的一一对应. 对 $E - \{\alpha_1, \cdots, \alpha_n\}$, 定义映射 $\alpha_i \to i, i = 1, \cdots, n$. 这样我们就说 $E$ 的势 $\#E = n$. 于是可以通过比较 $n$ 的大小判断两个集合中元素的多少.

对于无穷集, 例如所有正偶数组成的集合 $E = \{2n | n \in \mathbb{N}\}$, 这显然定义了一个由 $E$ 到自然数集的一一映射, 于是正偶数与自然数集元素一样多. 而如果定义映射为 $2n \to n - 1$, 则正偶数集合中的元素个数比自然数集的还要多出一个元素 0.

由此可见, 无穷集比较大小需要重新定义. 对于两个无穷集 $E$ 与 $F$, 如果有满射 $\rho: E \to F$, 我们就说 $\#E \geqslant \#F$, 如果同时也存在另一个满射 $\sigma: F \to E$, 那么我们就说 $\#E = \#F$. 这里, 满射是指像集被映满.

显然, 若 $E$ 是 $F$ 的子集, 必有 $\#E \leqslant \#F$. 映射

$$\rho(n) = \begin{cases} \dfrac{n}{2}, & \text{若 } n \text{ 为偶数}, \\[2mm] -\dfrac{n-1}{2}, & \text{若 } n \text{ 为奇数} \end{cases}$$

定义了自然数到整数的一个满射, 因此, $\#\mathbb{N} = \#\mathbb{Z}$.

有趣的是, 我们可以证明 $\#\mathbb{N} = \#\mathbb{Q}$. 因此, 这些集合都有着 "一样多" 的元素, 我们记为其中元素个数为 $\aleph_0$. 这里我们给出一个部分的说明, 即对 $(0,1)$ 开区间上的有理数给出自然数的标号. 事实上, 我们把 $(0,1)$ 上所有分数 $\dfrac{p}{q}$ 写在下述矩阵的下半三角上:

$$\begin{bmatrix} \dfrac{1}{2} & & & & & \\[2mm] \dfrac{1}{3} & \dfrac{2}{3} & & & & \\[2mm] \dfrac{1}{4} & \dfrac{2}{4} & \dfrac{3}{4} & & & \\[2mm] \dfrac{1}{5} & \dfrac{2}{5} & \dfrac{3}{5} & \dfrac{4}{5} & & \\[2mm] \dfrac{1}{6} & \dfrac{2}{6} & \dfrac{3}{6} & \dfrac{4}{6} & \dfrac{5}{6} & \\[2mm] \vdots & \ddots & \ddots & \ddots & \ddots & \ddots \end{bmatrix}$$

我们除去其中的可约分数如 $\dfrac{2}{4}, \dfrac{2}{6}$ 等, 剩下的先左后右、先上后下, 即按照 $\dfrac{1}{2}, \dfrac{1}{3}, \dfrac{2}{3}, \dfrac{1}{4}, \dfrac{3}{4}, \dfrac{1}{5}, \cdots$ 顺序标号, 就得到一个与自然数集合 $\mathbb{N}$ 的对应, 即任何一个分数 $\dfrac{p}{q}$, 在有限步一定能数到 (不晚于 $\dfrac{q(q+1)}{2}$ 步) [1].

另一方面, 我们知道这些有理数中的 $1/n$ 就可以和自然数 $n$ 形成一一对应, 因此, 这个开区间上的有理数的势就是 $\aleph_0$.

但是, 实数的个数就不是这么多了, 其个数记为 $\aleph$ [2].

上面与自然数集比较势的大小, 常常用希尔伯特开旅馆的故事来做通俗的讲解. 譬如说, 希尔伯特开了一个旅馆, 有无穷多个房间, 分别标记为 1 号、2 号、3 号等. 当日旅馆已住满, 这时又来了一个客人, 希尔伯特让原来 1 号的住户住到 2 号, 原来住在 2 号的住到 3 号, 等等, 于是腾出 1 号房给新客人住. 后来又来了无穷多

---

[1]这里不能先上后下、先左后右, 否则 $\dfrac{2}{3}$ 等就不能在有限步数到达了.

[2]一个重要的问题是 $\aleph_0$ 与 $\aleph$ 之间是否还有别的无穷势, 然而, 这在现有的公理化体系里既无法证实, 也无法证伪. 这是著名的连续统假设, 也是希尔伯特 (Hilbert) 第一问题.

人, 希尔伯特就让原来 1 号的住户住到 2 号, 2 号的原住户住到 4 号, 等等, 这样腾出无穷个 (奇数号) 房间来, 给新客人.

非有理数的实数称为无理数 (irrational number), 其个数远 "多" 于有理数, 但要证明一个数是无理数往往并不那么容易. 另一方面, 我们知道, 有理数都是有尽小数或无尽循环小数 (这要用到数论中的一个基本定理), 因此可以容易地写出一个无理数如下:

$$0.101001000100001\cdots.$$

另一个可以让我们 "相信" 无理数更多的理由是: 若 $a$ 为有理数, $b$ 为无理数, 则 $a + b$ 必为无理数.

在任何两个不等的实数之间, 一定可以找到另一个有理数介于其间. 事实上, 对于两个正数

$$a = a_0.a_1a_2\cdots a_n\cdots > b = b_0.b_1b_2\cdots b_n\cdots,$$

必有 $a_0 > b_0$, 或对于某个 $n$, 满足 $a_0 = b_0, \cdots, a_n = b_n, a_{n+1} > b_{n+1}$. 对于 $a_0 > b_0$, 我们取 $c = \dfrac{a_0 + b_0 + 0.1}{2}$ 即可. 对于后者, 请读者思考.

那么, 是否任意两个不等的实数之间也都存在一个介于其间的无理数呢? 答案也是肯定的.

## 1.5　不　等　式

我们这一节建立几个基本的不等式, 它们在今后的极限证明中会用到.

首先, 我们从前面绝对值的定义可以得到一系列绝对值不等式.

定义告诉我们 $|x| \geqslant x$, $|x| \geqslant -x$, 以及 $-|x| \leqslant x \leqslant |x|$. 同理 $-|y| \leqslant y \leqslant |y|$. 两式相加可知 $-(|x| + |y|) \leqslant x + y \leqslant |x| + |y|$, 以及乘以 $(-1)$ 后可得 $-(|x| + |y|) \leqslant -(x + y) \leqslant |x| + |y|$, 于是有三角形不等式 $|x + y| \leqslant |x| + |y|$.

类似地, 做减法可以推出 $||x| - |y|| \leqslant |x - y| \leqslant |x| + |y|$.

我们再证明伯努利 (Bernoulli) 不等式: 若 $x \geqslant -1$, $n$ 为自然数, $(1+x)^n \geqslant 1 + nx$. 我们用数学归纳法加以证明.

**证明** 当 $n = 1$ 时, 上式显然成立.

若 $n = p$ 时成立, 当 $n = p + 1$ 时, 我们有 $1 + x \geqslant 0$, 因此,

$$\begin{aligned}
(1+x)^{p+1} &= (1+x) \cdot (1+x)^p \\
&\geqslant (1+x)(1+px) = 1 + (p+1)x + px^2 \\
&\geqslant 1 + (p+1)x.
\end{aligned}$$

由归纳法, 证毕.

我们再用一种比数学归纳法稍复杂一点的方式证明 AM-GM 不等式 (代数平均值 (algebraic mean)–几何平均值 (geometrical mean)) 不等式, 这种方法称为向前–向后法.

给一组非负实数 $a_1, a_2, \cdots, a_n$, 其代数平均值、几何平均值分别定义为[①]

$$AM(a_1, \cdots, a_n) = \frac{\sum\limits_{i=1}^{n} a_i}{n}, \quad GM(a_1, \cdots, a_n) = \sqrt[n]{\prod_{i=1}^{n} a_i}.$$

AM-GM 不等式为: $AM(a_1, \cdots, a_n) \geqslant GM(a_1, \cdots, a_n)$.

**证明**　首先, 我们证明 $n = 2$ 时, 由 $(a_1 - a_2)^2 \geqslant 0$ 知 $(a_1 + a_2)^2 \geqslant 4a_1 a_2$.
注意到各项非负, 于是有

$$\frac{a_1 + a_2}{2} \geqslant \sqrt{a_1 a_2}. \tag{1.1}$$

然后, 数学归纳法可证 (请读者补全), 对于 $n = 2^m$ 时, $AM \geqslant GM$.

下面, 我们设若 $n = p$ 时命题成立, 则当 $n = p - 1$ 时, 对任意 $a_1, \cdots, a_{p-1}$, 我们令

$$a_p = AM(a_1, \cdots, a_{p-1}) = \frac{a_1 + \cdots + a_{p-1}}{p - 1}. \tag{1.2}$$

由假设知

$$AM(a_1, \cdots, a_{p-1}, a_p) \geqslant GM(a_1, \cdots, a_{p-1}, a_p) = \sqrt[p]{a_1 \cdots a_p}. \tag{1.3}$$

易知 $AM(a_1, \cdots, a_{p-1}, a_p) = AM(a_1, \cdots, a_{p-1}) = a_p$, 代入上式并计算 $p$ 次方即可得证.

由于对任一自然数, 均可找到比它更大的 $2^m$, AM-GM 不等式成立. 再通过有限次减 1, 由上述结论知对于该给定的自然数, AM-GM 不等式成立.

最后, 我们给出一些三角函数不等式.

三角函数的严格数学定义将在讲到泰勒 (Taylor) 展开后给出. 这里先采用中等数学里的几何方式来定义. 对于一个斜边长为 1、顶角为 $x \in \left(0, \frac{\pi}{2}\right)$ 弧度的直角三角形, 我们定义其对边长度为正弦 $\sin x$, 邻边长度为余弦 $\cos x$.

补充定义 $\sin 0 = 0, \cos 0 = 1, \sin \frac{\pi}{2} = 1, \cos \frac{\pi}{2} = 0$. 对于 $x \in \left(\frac{\pi}{2}, \pi\right]$, 我们定

---

[①]对于自然数 $n$ 和非负实数 $r$, 我们定义 $r$ 的 $n$ 次方根为 $s$, 若 $s^n = r$. 这一定义的合理性要用到乘方的单调性以及连续性, 后者我们后面会证明.

义 $\sin x = \sin(\pi - x), \cos x = -\cos(\pi - x)$. 对于 $x \in [-\pi, 0)$, 定义 $\sin x = -\sin(-x)$, $\cos x = \cos(-x)$. 最后再定义它们为以 $2\pi$ 为周期的周期函数. 这样对于任何实数 $x$, 就定义好了正弦函数 $\sin x$, 余弦函数 $\cos x$.

在此基础上, 我们定义正切和余切函数分别为 $\tan x = \dfrac{\sin x}{\cos x}, \cot x = \dfrac{\cos x}{\sin x}$ (分母为 0 时无定义).

从图 1.1 可以看出, 对于顶角 $x = \angle BOA$, 面积 $S_{\triangle DOA} < S_{扇形 DOA} < S_{\triangle COA}$, 而这三个面积分别为 $\dfrac{\sin x}{2}, \dfrac{x}{2}, \dfrac{\tan x}{2}$, 因此我们有 $\sin x \leqslant x \leqslant \tan x$, $x \in \left(0, \dfrac{\pi}{2}\right)$. 进一步地, 由上面正弦函数的定义, 可以知道对于 $x \in \left(-\dfrac{\pi}{2}, 0\right)$, 也有 $|\sin x| = -\sin x < -x < |x|$. 再考虑到恒有 $|\sin x| \leqslant 1 < \dfrac{\pi}{2}$, 因此对于 $\forall x \in \mathbb{R}$, 都有 $|\sin x| \leqslant |x|$.

需要指出的是, 这是一个几何证明, 而不是分析意义下的严格证明. 我们将会采用上述三角函数定义和这些不等式, 完成后续的极限、导数和泰勒展开的分析, 之后再重新给出分析意义下的定义. 在那个定义下, 可以重新以代数的方式证明这些不等式. 换言之, 我们以几何定义和这些不等式作为引子, 引出后面严格的三角函数定义和分析.

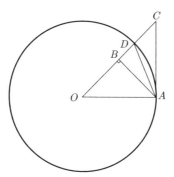

**图 1.1　单位圆上的面积比较**

# 习　　题

1. 把十进制数 1414 写为二进制数. 如果写成 16 进制数呢?
2. 用数学归纳法证明

$$1^3 + 2^3 + \cdots + n^3 = \left(\frac{n(n+1)}{2}\right)^2.$$

3. 求出 $1^4 + 2^4 + \cdots + n^4$ 的表达式, 并用数学归纳法证明之.

4. 对于自然数 $m, n$, 用数学归纳法证明加法的交换律 $m + n = n + m$.

5. $E = \{0.1, -2.5, 100\} \cup [22, 10\pi)$, 计算 $\sup E$, $\inf E$.

6. 对于一个有界非空集合 $E$, 定义 $F = \{-a | a \in E\}$. 试证明 $\sup E = -\inf F$, $\inf E = -\sup F$.

7. 利用 $(10a + b)^2 = 100a^2 + (20a + b)b$, 我们可以手工开方. 例如对 $2$ 开方, 可以依次得到 $1, 1.4, 1.41, 1.414, 1.4142, \cdots$. 如果我们把这些数形成一个数集 $E$, 试证明: $\sup E \cdot \sup E = 2$.

8. 求解下述不等式, 并画出 $x$ 的范围:

    (1) $(x + 1)(x - 1) < 0$;

    (2) $\dfrac{\tan x}{2} \leqslant 1$;

    (3) $(x - 1)^2 \geqslant 4$, 且 $\dfrac{10}{x^2 + 1} < 1$;

    (4) $|x + 1| > 5$;

    (5) $|x - 3| \leqslant |x^2 + 1|$.

9. 证明下列不等式:

    (1) $|x_1 + \cdots + x_n| \leqslant \left| \dfrac{x_1 + x_2}{2} \right| + \cdots + \left| \dfrac{x_{n-1} + x_n}{2} \right| + \left| \dfrac{x_n + x_1}{2} \right|$;

    (2) $|x - y| \geqslant ||x| - |y||$;

    (3) $\max(|a + b|, |a - b|, |1 - b|) \geqslant \dfrac{1}{2}$;

    (4) $\left(1 + \dfrac{1}{n}\right)^n < \left(1 + \dfrac{1}{n + 1}\right)^{n+1}$   ($n$ 为正整数).

10. 求出 $a$ 和 $b > 0$, 使得 $|x - 3| = 3|x - 5|$ 成立当且仅当 $|x - a| = b$.

11. 求出下列函数的定义域和值域:

    (1) $\left| \dfrac{2x}{1 + x^2} \right|$;

    (2) $\cos x + \tan x$;

    (3) $\sqrt{2 + x - x^2}$.

12. 求证: $f(x) = x^2$ 在 $x > 0$ 上单调递增 (即 $\forall x_1 > x_2 > 0$, 有 $f(x_1) > f(x_2)$).

13. 求证: 两个奇函数之积为偶函数; 奇函数与偶函数之积为奇函数.

14. 证明单调函数的复合仍为单调函数 (即若 $f(x), g(y)$ 单调, 则 $g(f(x))$ 单调).

15. 设 $f(x)$ 在实轴上定义, $f(f(x))$ 有唯一不动点, 证明 $f(x)$ 也有唯一不动点.

16. 设 $f(x)$ 在 $(0, +\infty)$ 定义, $x_1 > 0$, $x_2 > 0$. 若 $\dfrac{f(x)}{x}$ 单调上升, 证明 $f(x_1 + x_2) \geqslant f(x_1) + f(x_2)$.

# 第二章 序列与函数的极限

从这章开始, 我们进入微积分的主要部分. 我们将以严格的语言定义极限: 序列极限的 $\varepsilon\text{-}N$ 语言, 以及函数极限的 $\varepsilon\text{-}\delta$ 语言. 这些定义, 都有其作为 "数" 的含义, 以及相应的几何解释, 需要在这二者之间, 以及严格语言叙述与日常语言理解之间建立对应关系.

## 2.1　有界序列、无穷小序列、收敛序列

如前所述, 通过自然数集我们第一次严格定义了无穷大这么一个 "过程": 没有一个自然数是无穷大, 但按照后继的顺序不断增加, 我们得到越来越大的自然数, 这一过程无穷尽也, 就定义了一个无穷大.

按照这一过程, 我们给出了实数的严格定义, 即在小数点后每一位依次写上一个 $0 \sim 9$ 的数码.

拓展和加深数学研究的一个方式是改变认识对象的角度. 从研究一个个自然数、实数, 变为研究数集之间的映射.

映射 $a : E \to F$ 把 $E$ 中的元素 $\alpha$ 映为 $\beta = a(\alpha)$.

如果数集 $E$ 就是自然数集 $\mathbb{N}$, 那么我们有一个简单的办法来记这个映射, 即 $a_n = a(n)$. 这时, 我们称 $\{a_n\}$ 为一个序列. 换言之, 我们把无穷个数按照自然数的顺序排列起来, 就形成了一个序列. 虽然序列以类似于集合的方式来记, 但实际上是不同的, 集合里的元素必须两两不同, 而序列允许 $a_n = a_m$. 其实, 序列是自然数集到实数集的一个映射, 或者一个二元对构成的集合 $\{(1, a_1), (2, a_2), \cdots\}$.

习惯上, 人们有不同的方式来表述一个序列. 序列的下标或者说序号通常用 $n$ 来表示. 我们常常直接写出 $a_n$ 的表达式来表示一个序列, 如 $\left\{\dfrac{1}{n}\right\}$, 或者 $a_n = \dfrac{1}{n}$.

对于一个序列, 我们给出一些刻画.

首先, 跟集合类似, 我们可以定义序列的上界、下界. 如果 $\exists m \in \mathbb{R}, \forall n \in \mathbb{N}, a_n \geqslant m$, 就称 $m$ 是序列 $\{a_n\}$ 的一个下界. 类似地, 如果 $\exists M \in \mathbb{R}, \forall n \in \mathbb{N}, a_n \leqslant M$, 就称 $M$ 是序列 $\{a_n\}$ 的一个上界. 一个序列既有上界又有下界, 就称为有界序列. 或者定义成: 如果 $\exists L \in \mathbb{R}, \forall n \in \mathbb{N}, |a_n| \leqslant L$, 就称序列 $\{a_n\}$ 有界.

序列有界的几何含义, 就是我们横着看 (从序列各项的值的方向上看), 序列被一个宽为 $2L$ 的条带覆盖住 (见图 2.1). 这种横着看的方式, 我们在后边收敛序列、

函数极限等的讨论时还会不断用到.

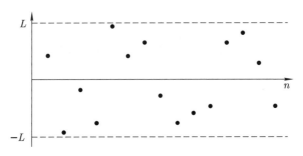

图 2.1 有界序列

那么, 什么是无界序列呢? 从字面上讨论, 就是不能找到上界或者下界的序列, 或者说, 任何实数都不是它的界. 用分析的语言叙述, 就是 $\forall L \in \mathbb{R}, \exists n \in \mathbb{N}, |a_n| > L$, 就称序列 $\{a_n\}$ 无界.

比较有界和无界的定义, 我们看到 $\forall$ 和 $\exists$ 的翻转, 当然还有不等号的方向改变了. 这种变化方式, 在今后还经常用到.

先举一个有界序列的例子.

**例 2.1** $a_n = \dfrac{3+n}{n} + 5$ 有界.

**证明** 容易看出来, $\forall n \in \mathbb{N}$, 有

$$|a_n| = \frac{3+n}{n} + 5 \leqslant 4 + 5 = 9.$$

下面这个重要的序列也是有界序列.

**例 2.2** $a_n = \left(1 + \dfrac{1}{n}\right)^n$ 有界.

**证明** 由二项式定理做展开可得

$$a_n = 1 + \frac{n}{n} + \frac{n(n-1)}{n^2} \cdot \frac{1}{1 \cdot 2} + \cdots + \frac{n(n-1) \cdots 2 \cdot 1}{n^n} \cdot \frac{1}{1 \cdots n}$$
$$< 1 + 1 + \frac{1}{1 \cdot 2} + \frac{1}{2 \cdot 3} + \cdots + \frac{1}{(n-1)n}$$
$$< 2 + \left(\frac{1}{1} - \frac{1}{2}\right) + \left(\frac{1}{2} - \frac{1}{3}\right) + \cdots + \left(\frac{1}{n-1} - \frac{1}{n}\right)$$
$$< 3.$$

再举一个无界序列的例子.

**例 2.3** $a_n = 1 + \dfrac{1}{2} + \cdots + \dfrac{1}{n}$ 是无界序列.

**证明** $\forall L \in \mathbb{R}^+$, 根据阿基米德性质可以找到一个自然数 $N = 4[L] + 3^{①}$, 这里 $[L]$ 表示取 $L$ 的整数部分. 那么, 可以看到第 $n = 2^N$ 项为

$$\begin{aligned} a_n &= 1 + \left(\frac{1}{2}\right) + \left(\frac{1}{3} + \frac{1}{4}\right) + \cdots + \left(\frac{1}{2^N+1} + \cdots + \frac{1}{2^N}\right) \\ &> 1 + \underbrace{\frac{1}{2} + \cdots + \frac{1}{2}}_{N} \\ &= 1 + \frac{N}{2} \\ &> L. \end{aligned}$$

因此, 该序列无界.

上面的证明其实包括两个要素: 一个是按照顺序写出了 $\forall L \in \mathbb{R}^+$, $\exists n \in \mathbb{N}$, 以及最后的 $|a_n| > L$; 另一个是具体的 $n$ 的取法和不等式的证明. 前者是一个规范性的模板, 后者则涉及依赖于具体问题的不等式技巧.

无界序列的例子还有 $\{2^n\}$, $\{n^3\}$, 等等.

接着, 我们定义无穷小序列, 这是一个 $\varepsilon$-$N$ 形式的定义.

**定义 2.1** 如果 $\forall \varepsilon > 0$, $\exists N \in \mathbb{N}$, 对于 $\forall n > N$, 有 $|a_n| < \varepsilon$, 则称 $\{a_n\}$ 为无穷小序列.

有时候我们也称无穷小序列为 (序列意义下的) 无穷小量. 其几何含义参见图 2.2, 无论给多小的一个区域 $(-\varepsilon, \varepsilon)$, 都能找到一条划线 $N$, 其右边 (后边) 各项都落在上述给定的区域内. 当然, 这里 $N$ 的选取依赖于 $\varepsilon$.

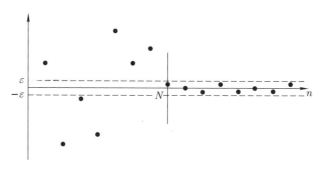

**图 2.2 无穷小序列**

---

①我们故意将这里的 $N$ 取得大一些. 在微积分的不少证明中, 因为只需要 $N$ 的存在性, 取得大一点可以使后边不等式运算更快捷. 但是这要有一个适当的度, 有时候取得过分宽松会导致不等式证不出来.

值得指出的是, 无穷小不是这个序列每一项的值作为数字有多小, 而是一个 "趋于 0" 的过程.

按照之前看到的形式上翻转 $\forall$ 和 $\exists$ 以及不等号的规则, 一个序列 $\{a_n\}$ 不是无穷小序列定义为: $\exists \varepsilon_0 > 0, \forall N \in \mathbb{N}, \exists n > N, |a_n| \geqslant \varepsilon_0$. 在几何上可解释为, 有某个固定宽度的区域 $[-\varepsilon_0, \varepsilon_0]$, 不管划出多么往右的一条线, 在划线的右边都有落在该区域之外的点.

我们先给出几个无穷小序列的例子.

**例 2.4**  $a_n = \dfrac{1}{n}, b_n = \dfrac{n}{2^n}, c_n = \dfrac{\sin n}{n}, d_n = \dfrac{(-1)^n}{n}.$

我们选择其中的 $b_n$ 给出证明如下.

**证明**  $\forall \varepsilon > 0$, 取 $N = \left[\dfrac{2}{\varepsilon}\right] + 3, \forall n > N$, 由二项式定理可知

$$|b_n| = \frac{n}{(1+1)^n} < \frac{n}{1 + n + \dfrac{n(n-1)}{2}} < \frac{2}{n} < \varepsilon.$$

我们对有界序列和无穷小序列做以下一些讨论.

首先, $\{a_n\}$ 为有界序列/无穷小序列等价于 $\{|a_n|\}$ 为有界序列/无穷小序列. 这是因为在定义中, 对这两者的要求就是关于 $|a_n|$ 提的.

其次, 无穷小序列是有界序列. 这一点证明如下: 取 $\varepsilon = 1$, 由 $\{a_n\}$ 为无穷小序列, $\exists N \in \mathbb{N}, \forall n > N, |a_n| < \varepsilon = 1$. 取 $L = \max\{a_1, \cdots, a_N, 1\} + 1$, 则序列中所有各项的绝对值均小于 $L$.

再次, 两个无穷小序列的和、差、积仍为无穷小序列. 这里的和差积均指的是相同下标的项做和差积所得的序列. 例如, $\{a_n\}$ 为无穷小序列, 则 $\forall \varepsilon > 0, \exists N_1 \in \mathbb{N}, \forall n > N_1, |a_n| < \varepsilon/2$. 同理, $\{b_n\}$ 为无穷小序列, 则 $\exists N_2 \in \mathbb{N}, \forall n > N_2, |b_n| < \varepsilon/2$. 取 $N = \max(N_1, N_2)$, 则对 $\forall n > N$, 前两个不等式成立, 于是 $|a_n + b_n| \leqslant |a_n| + |b_n| < \dfrac{\varepsilon}{2} + \dfrac{\varepsilon}{2} = \varepsilon$[①].

类似地, 两个有界序列的和差积仍为有界序列. 而且, 无穷小序列与有界序列的积是无穷小序列.

最后, 我们指出: 上述结论不只对两个序列成立, 对任意有限个序列也成立.

此外, 我们有以下无穷小序列的比较判定定理: 若 $\{a_n\}$ 为无穷小序列, 而 $|b_n| \leqslant |a_n|$, 则 $\{b_n\}$ 也是无穷小序列.

---

①这里用到了这类问题中两个常用的技巧, 一是在两个 $N$ 中取其较大者, 保证上面不等式都成立, 另一个是把 $\varepsilon$ 分成两个 $\dfrac{\varepsilon}{2}$ 来各控制一个不等式. 另外, 从这里我们可以看出, 如果能够证明最后的不等式小于 $K\varepsilon$, 其中 $K$ 是一个固定的数字, 证明也就完成了 (因为我们可以把之前出现的 $\varepsilon$ 改成 $\dfrac{\varepsilon}{K}$).

容易看出, 一个序列是否为无穷小序列, 与它前面任意有限项无关. 因此比较定理中, 只要从某一项起 $|b_n| \leqslant |a_n|$, 结论依然成立.

可以用以上规则证明序列是无穷小序列的例子如下.

**例 2.5** $a_n = \dfrac{(-1)^n}{n}, b_n = \dfrac{2n+1}{n^2 - 300n - 10}, c_n = \dfrac{1}{n!}$.

**例 2.6** 若 $\{a_n\}$ 为无穷小序列, 则由 $b_n = \dfrac{a_1 + \cdots + a_n}{n}$ 定义的序列也是无穷小序列.

**证明** 由于无穷小序列为有界序列, 不妨设 $\{a_n\}$ 的界为 $L$.

$\forall \varepsilon > 0, \exists N_1 \in \mathbb{N}, \forall n > N_1, |a_n| < \dfrac{\varepsilon}{2}$, 以及 $N_2 = \left[\dfrac{2LN_1}{\varepsilon}\right] + 1 \in \mathbb{N}$.

取 $N = \max\{N_1, N_2\}$, 当 $n > N$ 时, 有

$$
\begin{aligned}
|b_n| &\leqslant \frac{|a_1 + \cdots + a_{N_1}|}{n} + \frac{|a_{N_1+1} + \cdots + a_n|}{n} \\
&< \frac{N_1 L}{N_2} + \frac{(n - N_1)}{n} \cdot \frac{\varepsilon}{2} \\
&< \frac{\varepsilon}{2} + \frac{\varepsilon}{2} \\
&= \varepsilon.
\end{aligned}
$$

这里我们指出, 上面的证明中采取了分而治之的办法 (divide and conquer). 此外, 如果每一部分都只要求小于 $\varepsilon$, 最后的不等式为小于 $2\varepsilon$, 这也仍然足以证明它是无穷小序列, 而写法上就会更简单一些.

下面讨论序列极限中的核心概念: 收敛.

**定义 2.2** 如果 $\exists A \in \mathbb{R}, \forall \varepsilon > 0, \exists N \in \mathbb{N}$, 当 $n > N$ 时, 有

$$|a_n - A| < \varepsilon, \tag{2.1}$$

我们称序列 $\{a_n\}$ 是收敛序列, 称 $A$ 是序列 $\{a_n\}$ 的极限, 记为 $\lim\limits_{n \to \infty} a_n = A$, 读作 "limit $n$ 趋于无穷 $a_n$ 等于 $A$". 也称序列 $\{a_n\}$ 收敛于 $A$.

注意: $n \to \infty$ 必须写! 收敛序列的图像见图 2.3.

由定义可见, 无穷小序列即极限为 0 的序列.

**定理 2.1** $\lim\limits_{n \to \infty} a_n = A$ 的充分必要条件是由 $b_n = a_n - A$ 构成的序列是无穷小序列.

**证明** 先证充分性 ($\Leftarrow$).

由 $\{b_n\}$ 为无穷小序列,$\forall \varepsilon > 0, \exists N \in \mathbb{N}$ 时, 当 $n > N$, 就有 $|b_n| < \varepsilon$, 由 $b_n = a_n - A$ 知, 此即

$$|a_n - A| < \varepsilon.$$

再证必要性 $(\Rightarrow)$.

由 $\lim\limits_{n \to \infty} a_n = A$, 故 $\forall \varepsilon > 0, \exists N \in \mathbb{N}$, 当 $n > N$ 时, 有

$$|a_n - A| < \varepsilon,$$

此即 $|b_n| < \varepsilon$, 于是 $b_n = a_n - A$ 构成的序列是无穷小序列.

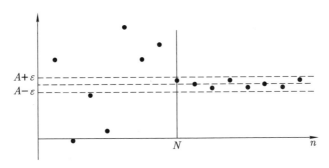

**图 2.3　收敛序列**

**例 2.7**　$a_n = \dfrac{2n^2 + 1}{n^2 + 2n + 3}$ 收敛.

**证明**　对于收敛序列, 我们首先要猜出极限 $A$, 然后加以证明. 这里, 我们猜 $A = 2$.

$\forall \varepsilon > 0$, 取 $N = \left[\dfrac{9}{\varepsilon}\right] + 1$, 则 $\forall n > N$, 有

$$|a_n - 2| = \frac{4n + 5}{n^2 + 2n + 3} < \frac{9n}{n^2} < \frac{9}{N} \leqslant \varepsilon.$$

因此, $\lim\limits_{n \to \infty} a_n = 2$.

**例 2.8 (芝诺佯谬之阿基里斯 (Achilles) 追乌龟)**　传说中的善跑者阿基里斯以速度 1 追赶速度为 $a < 1$ 的一只乌龟. 设初始时刻, 乌龟在阿基里斯前面距离为 1 处, 则当阿基里斯追到乌龟初始时所在之处 (所花时间为 1), 乌龟又已往前移动了 $a$. 阿基里斯再追到此一时刻乌龟所在处, 乌龟又往前移动了 $a^2$. 如此续行, 阿基里斯在有限时间内永远追不上.

事实上, 阿基里斯第一次赶到乌龟所在处 $s_1 = 1$ 费时 $t_1 = 1$, 第二次赶到时 $s_2 = t_2 = 1 + a$, 如此续行, 极限为 $\lim\limits_{n \to \infty} t_n = \dfrac{1}{1 - a}$. 因此, 上述佯谬的问题出在以

$n \to \infty$ 作为有限次不能追及的依据, 但这无限次追及问题也只需有限时间即可完成.

序列不收敛于 $A$ 的 $\varepsilon$-$N$ 语言叙述:

$$\exists \varepsilon_0 > 0, \quad \forall N \in \mathbb{N}, \quad \exists n > N, \quad |a_n - A| > \varepsilon_0.$$

序列不收敛 (发散) 的 $\varepsilon$-$N$ 语言叙述:

$$\forall A \in \mathbb{R}, \quad \exists \varepsilon_0 > 0, \quad \forall N \in \mathbb{N}, \quad \exists n > N, \quad |a_n - A| > \varepsilon_0.$$

我们也可以用几何的语言来叙述. 如果我们定义一点 $a$ 的 (半径为)$r$ 邻域为 $U(a, r) = (a - r, a + r)$ (另一个相关的概念是去心邻域: $\mathring{U}(a, r) = (a - r, a) \cup (a, a + r)$), 那么序列 $a_n$ 收敛于 $A$ 可以说成: 对于任给的邻域半径 $\varepsilon > 0$, 下标充分靠后的项都落入 $A$ 的这一邻域.

**定理 2.2** *序列 $\{a_n\}$ 收敛, 则极限唯一.*

**证明** 若 $A \neq A'$ 均为序列 $\{a_n\}$ 的极限, 令 $\varepsilon = \dfrac{|A - A'|}{4} > 0$, 由 $\lim\limits_{n \to \infty} a_n = A$ 知,$\exists N \in \mathbb{N}$, 当 $n > N$ 时, 就有

$$|a_n - A| < \varepsilon.$$

同理, 由 $\lim\limits_{n \to \infty} a_n = A'$ 知,$\exists N' \in \mathbb{N}$, 当 $n > N'$ 时, 就有

$$|a_n - A'| < \varepsilon.$$

考虑第 $N + N'$ 项, 有

$$|a_{N+N'} - A| < \varepsilon, \quad |a_{N+N'} - A'| < \varepsilon.$$

由绝对值不等式, 应有 $|A - A'| < 2\varepsilon = \dfrac{|A - A'|}{2}$, 矛盾. 故极限唯一.

**定理 2.3** *收敛序列必有界.*

**证明** 若 $\lim\limits_{n \to \infty} a_n = A$, 取 $\varepsilon = 1$, 由定义,$\exists N \in \mathbb{N}$, 当 $n > N$ 时, 就有

$$|a_n - A| < 1,$$

于是 $|a_n| < |A| + 1$. 令

$$B = \max\{|a_1|, \cdots, |a_N|, |A| + 1\},$$

则 $B$ 给出了序列 $\{a_n\}$ 的界, 即 $\forall n \in \mathbb{N}$, 有

$$|a_n| \leqslant B.$$

**定理 2.4**　若序列 $\{a_n\}$ 的极限 $A$ 非 $0$，则当 $n$ 充分大时 (即 $\exists N \in \mathbb{N}$, 当 $n > N$ 时), $a_n$ 与 $A$ 同号.

**证明**　不妨设 $\lim\limits_{n\to\infty} a_n = A > 0$, 取 $\varepsilon = \dfrac{A}{2} > 0$, 由定义 $\exists N \in \mathbb{N}$, 当 $n > N$ 时，有

$$|a_n - A| < \varepsilon,$$

于是 $\dfrac{A}{2} < a_n < \dfrac{3A}{2}$, 即与 $A$ 同号.

**定理 2.5 (极限的四则运算)**　若序列 $\{a_n\}, \{b_n\}$ 收敛[①], 则

$$\lim_{n\to\infty}(a_n + b_n) = \lim_{n\to\infty} a_n + \lim_{n\to\infty} b_n,$$

$$\lim_{n\to\infty}(a_n - b_n) = \lim_{n\to\infty} a_n - \lim_{n\to\infty} b_n,$$

$$\lim_{n\to\infty}(a_n \cdot b_n) = \lim_{n\to\infty} a_n \cdot \lim_{n\to\infty} b_n.$$

若序列 $\{b_n\}$ 中不含为 $0$ 的项，且其极限也非 $0$, 则

$$\lim_{n\to\infty} \frac{a_n}{b_n} = \frac{\lim\limits_{n\to\infty} a_n}{\lim\limits_{n\to\infty} b_n}.$$

上述结论可简单地说成: 极限能 "通进" 四则运算 ("分配律").

这些运算的证明基本上与无穷小序列的运算证明类似. 我们这里只证明除法用到的一个结论，即若序列 $\{b_n\}$ 中不含为 $0$ 的项，且其极限也非 $0$, 则

$$\lim_{n\to\infty} \frac{1}{b_n} = \frac{1}{\lim\limits_{n\to\infty} b_n}.$$

事实上，由于 $\lim\limits_{n\to\infty} b_n = B \neq 0$, 我们不妨设它为正. 取 $\varepsilon = \dfrac{B}{2} > 0$, 则易知存在 $N \in \mathbb{N}, \forall n > N, b_n > \dfrac{B}{2}$. 由于 $\{b_n\}$ 中不含为 $0$ 的项，因此我们可以取 $\ell = \min\left\{\dfrac{B}{2}, |b_1|, \cdots, |b_N|\right\} > 0$, 则 $\{b_n\}$ 中所有项都满足 $|b_n| \geqslant \ell$.

现在，$\forall \varepsilon > 0$, 由 $\{b_n\}$ 收敛知，$\exists N_1 \in \mathbb{N}, \forall n > N_1 + N$, 我们有 $|b_n - B| < \ell B \varepsilon$, 因此有

$$\left|\frac{1}{b_n} - \frac{1}{B}\right| \leqslant \frac{|B - b_n|}{\ell B} < \varepsilon.$$

---

[①]有时候我们也直接写出以下的表达式，而不提及序列 $\{a_n\}, \{b_n\}$ 收敛. 此时应理解为: 如果等式右端各项有意义，则左端也有意义，并且等于右端.

**定理 2.6 (线性性和多项式性质)** 若序列 $\{a_n\}, \{b_n\}$ 收敛，$\lambda, \mu$ 为实数，$P(a)$ 为多项式，则

$$\lim_{n\to\infty}(\lambda a_n + \mu b_n) = \lambda \lim_{n\to\infty} a_n + \mu \lim_{n\to\infty} b_n,$$
$$\lim_{n\to\infty} P(a_n) = P(\lim_{n\to\infty} a_n).$$

事实上，如果 "分母不带来麻烦"，对任何分式极限也能 "通进去".

**例 2.9** 若 $\lim_{n\to\infty} a_n = A,\ \lim_{n\to\infty} b_n = B$，则

$$\lim_{n\to\infty} \frac{a_1 b_n + \cdots + a_n b_1}{n} = \lim_{n\to\infty} \frac{a_1 b_1 + \cdots + a_n b_n}{n} = AB.$$

**证明** 这里后一个式子，只要证明 "若 $\lim_{n\to\infty} c_n = C$，则 $\lim_{n\to\infty} \dfrac{c_1 + \cdots + c_n}{n} = C$" 即可 (由极限的乘法运算知 $\lim_{n\to\infty} a_n b_n = AB$).

事实上，由 $\lim_{n\to\infty} c_n = C$ 知，$\forall \varepsilon > 0$, $\exists N \in \mathbb{N}$, 当 $n > N$ 时，有

$$|c_n - C| < \frac{\varepsilon}{2}.$$

另一方面，对于 $c_1 + \cdots + c_n$，必有 $\tilde{N} \in \mathbb{N}$, 满足

$$\frac{|c_1 + \cdots + c_N - NC|}{\tilde{N}} < \frac{\varepsilon}{2}.$$

不妨设 $\tilde{N} > N$(或曰: 取 $\bar{N} = \max\{N, \tilde{N}\}$), 当 $n > \bar{N}$ 时，有

$$\left|\frac{c_1 + \cdots + c_n}{n} - C\right| \leqslant \left|\frac{c_1 + \cdots + c_N - NC}{n}\right| + \frac{|c_{N+1} - C| + \cdots + |c_n - C|}{n}$$
$$< \frac{\varepsilon}{2} + \frac{\varepsilon}{2}$$
$$= \varepsilon.$$

前一个式子的证明技巧性更强一点.

我们记 $\alpha_n = a_n - A$, $\beta_n = b_n - B$, 则

$$\frac{a_1 b_n + \cdots + a_n b_1}{n} = \frac{\alpha_1 b_n + \cdots + \alpha_n b_1}{n} + AB + A\frac{\beta_1 + \cdots + \beta_n}{n}.$$

$b_n$ 收敛，故有界，记为 $L$, 则 $\left|\dfrac{\alpha_1 b_n + \cdots + \alpha_n b_1}{n}\right| \leqslant L \left|\dfrac{\alpha_1 + \cdots + \alpha_n}{n}\right|$.

注意到不等式右边的序列为无穷小序列，故不等式左边的序列也是无穷小序列 (用上面关于 $\{c_n\}$ 的结论)，而 $\dfrac{\beta_1 + \cdots + \beta_n}{n}$ 当然是无穷小序列，故

$$\lim_{n\to\infty}\left(\frac{a_1 b_n + \cdots + a_n b_1}{n}\right) = AB.$$

**定理 2.7 (夹挤原理)**　若序列 $\{a_n\}, \{b_n\}, \{c_n\}$ 满足 $a_n \leqslant b_n \leqslant c_n$, 而 $\lim\limits_{n \to \infty} a_n = \lim\limits_{n \to \infty} c_n = A$, 则 $\lim\limits_{n \to \infty} b_n = A$.

**证明**　由 $\lim\limits_{n \to \infty} a_n = A$ 知, $\forall \varepsilon > 0, \exists N_1 \in \mathbb{N}$, 当 $n > N_1$ 时, 就有

$$|a_n - A| < \varepsilon.$$

同样, 由 $\lim\limits_{n \to \infty} c_n = A$ 知, $\exists N_2 \in \mathbb{N}$, 当 $n > N_2$ 时, 就有

$$|c_n - A| < \varepsilon.$$

取 $N = \max\{N_1, N_2\}$, 当 $n > N$ 时, 有

$$|a_n - A| < \varepsilon \text{ 及 } |c_n - A| < \varepsilon.$$

再由 $a_n \leqslant b_n \leqslant c_n$ 可知

$$|b_n - A| \leqslant \max\{|a_n - A|, |c_n - A|\} < \varepsilon.$$

我们注意到极限其实与序列前面的任意有限项都无关, 因此上述不等式 $a_n \leqslant b_n \leqslant c_n$ 若从某一项开始才对, 结论依旧成立.

**定理 2.8 (极限与不等式)**

(1) 若 $\lim\limits_{n \to \infty} a_n = A < \lim\limits_{n \to \infty} b_n = B$, 则 $\exists N \in \mathbb{N}$, 当 $n > N$ 时, 有 $a_n < b_n$;

(2) 若序列 $\{a_n\}, \{b_n\}$ 收敛, 且 (自某一项起) $a_n < b_n$ 或 $a_n \leqslant b_n$, 则 $\lim\limits_{n \to \infty} a_n \leqslant \lim\limits_{n \to \infty} b_n$[①].

## 2.2　收　敛　原　理

按照定义求或证明序列极限的时候, 首先要知道或猜出极限值, 然后才能根据 $\varepsilon$ 找出 $N$. 我们现在要讨论几个收敛原理, 可以在不知道极限值的情况下证明序列收敛. 它们分别是: 单调收敛原理、闭区间套原理、波尔查诺–魏尔斯特拉斯 (Bolzano-Weierstrass) 定理和柯西 (Cauchy) 收敛原理.

我们称序列 $\{a_n\}$ 为单调递增 (上升) 序列, 如果 $\forall m > n$, 有 $a_m \geqslant a_n$. 称序列 $\{a_n\}$ 为单调递减 (下降) 序列, 若 $\forall m > n$, 有 $a_m \leqslant a_n$. 如果上述不等号变为严格的, 则称为严格单调递增 (减) 序列. 单调递增序列和单调递减序列合称单调序列.

以单调递增序列为例, 它后边的项的值总比前边的高 (不低), 于是出现两种可能: 一种是越来越高以至于无界, 这时前面的定理说收敛序列必有界, 这个序列就

---

①注意这里极限式中的不等号变为不严格的.

不可能收敛; 另一种是不断升高但保持有界, 这时随着下标的增大, 序列各项的数值就被压在某个范围内, 但项数是无穷的, 序列还得保持上升, 因此序列就收敛了.

**定理 2.9 (单调收敛原理)**　单调序列有界则必收敛.

事实上, 若收敛必有界, 故单调序列收敛的充要条件是有界.

我们仅就单调递增序列证明结论. 首先, 注意到序列 $\{a_n\}$ 有界, 则它作为集合 (即仅考虑各项的数值) 有界, 记 $A = \sup\{a_n | n \in \mathbb{N}\}$. 由上确界的定义, 首先 $A$ 是一个上界, 因此 $\forall n \in \mathbb{N}, a_n \leqslant A$.

其次, $A$ 是最小的上界, 也就是说, $\forall \varepsilon > 0, A - \varepsilon$ 不是上界, 亦即 $\exists n^* \in \mathbb{N}, a_{n^*} > A - \varepsilon$. 由单调性, $\forall n > n^*, a_n \geqslant a_{n^*}$.

综上, $A \geqslant a_n \geqslant A - \varepsilon$, 因此 $\lim\limits_{n \to \infty} a_n = A$ (见图 2.4).

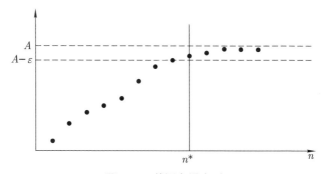

**图 2.4　单调有界序列**

**例 2.10**　$a_n = \left(1 + \dfrac{1}{n}\right)^n$ 收敛.

**证明**　我们之前证明了这个序列有界 $(a_n < 3)$. 由二项式展开, 有

$$a_n = 1 + \frac{n}{n} + \frac{1}{2!} \cdot \frac{n}{n} \cdot \frac{n-1}{n} + \cdots + \frac{1}{n!} \cdot \frac{n}{n} \cdots \frac{1}{n},$$

以及

$$a_{n+1} = 1 + \frac{n+1}{n+1} + \frac{1}{2!} \cdot \frac{n+1}{n+1} \cdot \frac{n}{n+1} + \cdots + \frac{1}{n!} \cdot \frac{n+1}{n+1} \cdots \frac{2}{n+1}$$
$$+ \frac{1}{(n+1)!} \cdot \frac{n+1}{n+1} \cdots \frac{1}{n+1}.$$

逐项比较看到, $a_{n+1}$ 的每一项都不比 $a_n$ 的小, 而且还多出最后一项, 因此, $a_{n+1} > a_n$. 结合之前有界的结论, 我们知道该序列收敛, 并记为 (自然对数的底)

$$\mathrm{e} = \lim_{n \to \infty} \left(1 + \frac{1}{n}\right)^n.$$

**例 2.11** $\overbrace{\sqrt{2+\sqrt{2+\cdots\sqrt{2}}}}^{n}$ 收敛 (这个序列也可以陈述为 $a_1 = \sqrt{2}, a_{n+1} = \sqrt{2+a_n}$).

一个比较直观的 "证明" 如下: 我们将 $a_n$ 中最内层根号里的 2 换成 4, 容易知道 $a_n$ 就变成了 2(每一层根号下都变成 4, 逐层解开), 因此 $a_n < 2$. 另一方面, 如果我们把 $a_n$ 中最内层根号里的 2 换成 0, $a_n$ 就变成了 $a_{n-1}$, 因此 $a_n > a_{n-1}$. 综上 $a_n$ 单调递增且有界.

再来求其极限. 对于 $a_{n+1} = \sqrt{2+a_n}$ 两边求极限 $\lim\limits_{n\to\infty}$, 有 $A = \sqrt{2+A}$, 解得 $A = -1, 2$. 因为 $a_n > 0$ 故 $A \geqslant 0$, 我们舍去负根, 于是得到

$$\lim_{n\to\infty} \overbrace{\sqrt{2+\sqrt{2+\cdots\sqrt{2}}}}^{n} = 2.$$

上述证明和求极限均不严格. 证明过程应该改为数学归纳法证明 $a_n < 2$, 以及数学归纳法证明 $a_n > a_{n-1}$. 求极限过程中, 我们不能直接用[①]

$$\lim_{n\to\infty} \sqrt{2+a_n} = \sqrt{2 + \lim_{n\to\infty} a_n},$$

而应该先将递推关系平方, 即考虑

$$a_{n+1}^2 = 2 + a_n,$$

然后两边取极限, 利用极限的乘法法则得到

$$A \cdot A = 2 + A.$$

现在我们再来讨论闭区间套原理. 设想有无穷段事先剪好的等宽的胶条, 从长的开始贴起, 后边一根必须完全贴在前面一根上. 如果这些胶条的长度逐渐减小趋近于 0(长度为 0 的胶条可以设想成一根丝), 那么最后就只有一根丝的位置上刚好所有的胶条都在它的下方.

我们首先定义闭区间套, 它是指一个闭区间的序列 $\{[a_n, b_n] | n \in \mathbb{N}\}$, 满足

(1) $[a_{n+1}, b_{n+1}] \subset [a_n, b_n]$;

(2) $\lim\limits_{n\to\infty} (b_n - a_n) = 0$.

**定理 2.10 (闭区间套原理)** 若 $\{[a_n, b_n]\}$ 为闭区间套, 则 $\bigcap\limits_{n=1}^{\infty} [a_n, b_n] = \{c\}$.

---

[①]等我们学到连续函数的知识后, 就可以直接用了 (此时还用到了函数极限的序列式定义).

在闭区间套的定义中, 第一条实际上是说 $a_n \leqslant a_{n+1} \leqslant b_{n+1} \leqslant b_n$. 在定理中, 我们定义了 $\bigcap\limits_{n=1}^{\infty} [a_n, b_n] \equiv \lim\limits_{m \to \infty} \left( \bigcap\limits_{n=1}^{m} [a_n, b_n] \right)$, 即同时落在所有这些闭区间上点构成的集合. 定理的结论是说, 有且仅有一点 $c$ 同时落在所有这些闭区间里.

**证明** 由闭区间套的定义, $a_n \leqslant a_{n+1} \leqslant b_{n+1} \leqslant \cdots \leqslant b_1$, 于是 $\{a_n\}$ 是一个以 $b_1$ 为上界的单调递增序列, 因此收敛. 同理, $\{b_n\}$ 是一个以 $a_1$ 为下界的单调递减序列, 因此也收敛. 再由定义的第二条及极限的减法法则, 且 $\lim\limits_{n \to \infty} (b_n - a_n) = \lim\limits_{n \to \infty} b_n - \lim\limits_{n \to \infty} a_n = 0$, 我们可以记 $c = \lim\limits_{n \to \infty} b_n = \lim\limits_{n \to \infty} a_n$.

由单调收敛原理的证明过程知道, $c = \sup\{a_n | n \in \mathbb{N}\}$, 于是 $\forall n \in \mathbb{N}, a_n \leqslant c$. 同理, $\forall n \in \mathbb{N}, b_n \geqslant c$. 故 $\forall n \in \mathbb{N}, c \in [a_n, b_n]$, 即 $c \in \bigcap\limits_{n=1}^{\infty} [a_n, b_n]$.

另一方面, 若另有 $c' \neq c, c' \in \bigcap\limits_{n=1}^{\infty} [a_n, b_n]$, 则

$$b_n - a_n \geqslant |c - c'|.$$

于是 $\lim\limits_{n \to \infty} (b_n - a_n) \geqslant |c - c'|$, 与闭区间套定义矛盾.

综上, $\bigcap\limits_{n=1}^{\infty} [a_n, b_n] = \{c\}$.

闭区间套的定义中每一条对结论的成立都很重要. 首先, 如果不是闭区间套, 而是开区间或者半开半闭区间, 都未必一定能套住一个点 $c$. 例如, 考虑 $\left\{ \left( 0, \dfrac{1}{n} \right) \right\}$, 或者 $\left\{ \left( 0, \dfrac{1}{n} \right] \right\}$, 区间上下界的极限都是 0, 却不在任何一个区间内部. 其次, 如果是闭区间, 但不成套也不行, 例如 $\{[2n, 2n+1]\}$ 交集为空集. 最后, 如果区间长度不趋于 0, 那么有可能套到不止一个点, 如 $\left\{ \left[ 1 - \dfrac{1}{n}, 2 + \dfrac{1}{n} \right] \right\}$.

接着, 我们来讨论波尔查诺–魏尔斯特拉斯定理. 这里的一个新概念是子序列. 序列 $\{a_n\}$ 的子序列是指以 $k$ 为序号的序列 $\{a_{n_k}\}$, 其中 $n_k \in \mathbb{N}$ 满足 $n_k < n_{k+1}$. 也就是说, 由前往后从 $\{a_n\}$ 抽取无穷项, 形成的一个新的序列.

我们可以这样来考虑: 沿着纵轴上看, 我们摆一块 (长条形的) 靶子, 往上边砸无穷次飞镖 (第 $n$ 次的位置为 $a_n$), 由于在有限的长度内要砸无穷次, 就一定会有一个地方被砸烂 (在它的任意小邻域内被无穷次砸上). 这就是说, 有以这一点为极限的一个子序列.

**定理 2.11 (波尔查诺–魏尔斯特拉斯, 简称波–魏定理)**　有界序列必有收敛子
序列.

**证明**　首先, 我们构造一个闭区间套 $\{[\alpha_n, \beta_n]\}$, 其中每个闭区间中都含有给定
有界序列中的无穷项.

如图 2.5 所示, 先设序列 $\{a_n\}$ 的界为 $[\alpha_1, \beta_1]$, 则 $\{a_n\}$ 均在其中, 于是含有
$\{a_n\}$ 中的无穷项.

二分该区间为 $\left[\alpha_1, \dfrac{\alpha_1 + \beta_1}{2}\right]$ 和 $\left[\dfrac{\alpha_1 + \beta_1}{2}, \beta_1\right]$, 则其中至少一个子区间中含有
$\{a_n\}$ 中的无穷项 (否则与两个区间的并集 $[\alpha_1, \beta_1]$ 含有 $\{a_n\}$ 中的无穷项矛盾), 记
该区间为 $[\alpha_2, \beta_2]$, 区间长度为 $\dfrac{\beta_1 - \alpha_1}{2}$.

如此续行, 得到闭区间套 $\{[\alpha_n, \beta_n]\}$ (第 $n$ 个区间长度为 $\dfrac{\beta_1 - \alpha_1}{2^{n-1}}$ 趋于 0), 其中
每个闭区间中都含有 $\{a_n\}$ 中的无穷项. 由闭区间套原理知有 $c$ 满足

$$\bigcap_{n=1}^{\infty} [\alpha_n, \beta_n] = \{c\}.$$

接着, 我们再取一个子序列 $\{a_{n_k}\}$. 先在 $\{a_n\}$ 中任取一项, 记为 $a_{n_1} \in [\alpha_1, \beta_1]$.
由于 $[\alpha_2, \beta_2]$ 中含有 $\{a_n\}$ 中的无穷项, 我们可以在其中任取一个下标大于 $n_1$ 的项
$a_{n_2} \in [\alpha_2, \beta_2]$. 如此续行, 我们就得到一个子序列 $\{a_{n_k}\}, a_{n_k} \in [\alpha_k, \beta_k]$. 此即

$$\alpha_k \leqslant a_{n_k} \leqslant \beta_k.$$

注意到 $\lim\limits_{k \to \infty} \alpha_k = \lim\limits_{k \to \infty} \beta_k = c$, 由夹挤原理知 $\lim\limits_{k \to \infty} a_{n_k} = c$.

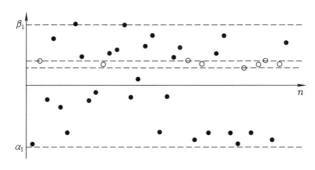

**图 2.5　波–魏定理**

在波–魏定理中, 子列的选取并不唯一, 极限也不一定唯一. 例如 $\{(-1)^n\}$ 中,
可以选择 $a_{n_k} = (-1)^{2k} = 1$, 也可以选择 $a_{n_k} = (-1)^{2k+1} = -1$. 原则上说, 虽然数
值一样, 我们选 $a_{n_k} = (-1)^{2k+2} = 1$ 与常值序列 $a_{n_k} = (-1)^{2k} = 1$ 也不是同一个子
序列. 但是对于收敛序列, 其子序列的收敛情况却是明确的.

**定理 2.12** 收敛序列的子序列必收敛于原序列的极限.

证明留给读者 (关键是归纳证明 $n_k \geqslant k$).

利用波–魏定理, 我们就可以来讨论最重要的收敛原理: 柯西收敛原理.

首先给出一个柯西列的概念.

**定义 2.3** $\{a_n\}$ 为柯西列 (基本列), 若 $\forall \varepsilon > 0$, $\exists N \in \mathbb{N}$, 当 $m, n > N$ 时, 有

$$|a_m - a_n| < \varepsilon.$$

(或者: $\forall \varepsilon > 0$, $\exists N \in \mathbb{N}$, 当 $n > N$ 时, $\forall p \in \mathbb{N}$, 有 $|a_{n+p} - a_n| < \varepsilon$.)

我们可以看到, 这个对序列的刻画中, 说的是序列中充分靠后的各项相互之间离得很近, 这也正是我们直觉中更为自然的收敛的含义. 它并不涉及极限 $A$ 本身.

**定理 2.13 (柯西收敛原理)** 收敛列就是柯西列.

**证明** $\Rightarrow$: 若 $\lim\limits_{n \to \infty} a_n = A$, 则

$$\forall \varepsilon > 0, \quad \exists N \in \mathbb{N}, \quad \forall m, n > N, \quad |a_m - A| < \varepsilon, \quad |a_n - A| < \varepsilon,$$

于是 $|a_m - a_n| < |a_m - A| + |A - a_n| < 2\varepsilon$. $\{a_n\}$ 为柯西列.

$\Leftarrow$: 首先, 我们断言柯西列 $\{a_n\}$ 有界.

事实上, 取 $\varepsilon = 1$, $\exists N \in \mathbb{N}$, 当 $m > N$, 就有 $|a_m - a_{N+1}| < 1$, 于是 $|a_m| < |a_{N+1}| + 1$, 故 $\max\{|a_1|, \cdots, |a_N|, |a_N + 1| + 1\}$ 为该序列的一个界.

由波–魏定理, 有界序列 $\{a_n\}$ 有一个收敛子列, 不妨记为

$$\lim_{k \to \infty} a_{n_k} = A.$$

此即 $\forall \varepsilon > 0$, $\exists K \in \mathbb{N}$, 当 $k > K$ 时, 有

$$|a_{n_k} - A| < \frac{\varepsilon}{2}.$$

另一方面, $\{a_n\}$ 为柯西列, 故 $\exists N \in \mathbb{N}$, 当 $m, n > N$ 时, 就有

$$|a_m - a_n| < \frac{\varepsilon}{2}.$$

特别地, 取 $n = n_{K+N+1} > \max\{N, n_K\}$, 则

$$|a_m - a_{n_{K+N+1}}| < \frac{\varepsilon}{2},$$

而在子序列收敛中, 有

$$|a_{n_{K+N+1}} - A| < \frac{\varepsilon}{2},$$

于是

$$|a_m - A| < |a_m - a_{n_{K+N+1}}| + |a_{n_{K+N+1}} - A| < \varepsilon,$$

$\{a_n\}$ 收敛.

运用柯西收敛原理, 可以方便地证明序列的收敛与发散.

**例 2.12** 求证: $a_n = 1 + \dfrac{1}{2^2} + \cdots + \dfrac{1}{n^2}$ 收敛.

**证明** 我们看到, $\forall \varepsilon > 0$, 取 $N = \left[\dfrac{1}{\varepsilon}\right] + 1, \forall n > N,$

$$\begin{aligned}
|a_{n+p} - a_n| &= \frac{1}{(n+1)^2} + \cdots + \frac{1}{(n+p)^2} \\
&< \frac{1}{n(n+1)} + \cdots + \frac{1}{(n+p-1)(n+p)} \\
&= \frac{1}{n} - \frac{1}{n+p} \\
&< \varepsilon.
\end{aligned}$$

**例 2.13** 求证: 若 $\{b_n\}$ 为有界列, 定义 $a_n = \dfrac{b_1}{1 \cdot 2} + \dfrac{b_2}{2 \cdot 3} + \cdots + \dfrac{b_n}{n \cdot (n+1)},$ 试证明 $\{a_n\}$ 收敛.

**证明** 我们看到, $\forall \varepsilon > 0$, 取 $N = \left[\dfrac{L}{\varepsilon}\right] + 1, \forall n > N$, 其中 $L$ 为序列 $\{b_n\}$ 的一个界,

$$\begin{aligned}
|a_{n+p} - a_n| &= \frac{|b_{n+1}|}{n(n+1)} + \cdots + \frac{|b_{n+p}|}{(n+p)(n+p+1)} \\
&\leqslant L \cdot \left(\frac{1}{n(n+1)} + \cdots \frac{1}{(n+p-1)(n+p)}\right) \\
&= L\left(\frac{1}{n} - \frac{1}{n+p}\right) \\
&< \varepsilon.
\end{aligned}$$

这个例子中, 序列的极限很难直接写出来, 因此直接用定义证明收敛就不容易了.

下面我们再举例说明如何用柯西收敛原理证明序列发散. 由于柯西列就是收敛列, 我们只需要证明序列不是柯西列即可, 这就是说: $\exists \varepsilon_0 > 0, \forall N \in \mathbb{N}, \exists m, n > N, |a_m - a_n| \geqslant \varepsilon.$

一个简单的例子是 $a_n = (-1)^n$. 我们看到, 可以取 $\varepsilon_0 = 1, \forall N \in \mathbb{N}$, 取 $m = 2N, n = 2N + 1$, 则 $|a_m - a_n| = 2 > 1$.

**例 2.14** $a_n = 1 + \cdots + \dfrac{1}{n}$ 发散.

**证明** 取 $\varepsilon_0 = \dfrac{1}{2}, \forall N \in \mathbb{N}$, 取 $n = N + 1, p = 2(N + 2)$, 那么

$$|a_{n+p} - a_n| = \frac{1}{N+2} + \cdots + \frac{1}{2(N+2)} > \frac{1}{2}.$$

## 2.3 无 穷 大 量

与无穷小序列相比, 无穷大序列在很多时候更加引人注目. 无穷大序列和无穷小序列, 有时候我们也称之为无穷大量和无穷小量. 讲到函数极限后, 还会类似地定义函数的无穷大量和无穷小量.

若 $\left\{ \dfrac{1}{a_n} \right\}$ 为无穷小量①, 我们就称序列 $\{a_n\}$ 为无穷大量, 记为 $\lim\limits_{n \to \infty} a_n = \infty$, 此即 $\forall E > 0, \exists N \in \mathbb{N}$, 当 $n > N$ 时, 就有 $|a_n| > E$.

有时候, 我们还区分 $a_n$ 趋于无穷的方式.

若 $\forall E > 0, \exists N \in \mathbb{N}$, 当 $n > N$ 时, 就有 $a_n > E$, 则称 $\{a_n\}$ 发散于 $+\infty$, 记为 $\lim\limits_{n \to \infty} a_n = +\infty$.

若 $\forall E > 0, \exists N \in \mathbb{N}$, 当 $n > N$ 时, 就有 $a_n < -E$, 则称 $\{a_n\}$ 发散于 $-\infty$, 记为 $\lim\limits_{n \to \infty} a_n = -\infty$.

对于两个发散于 $+\infty$ 的序列 $\{a_n\}, \{b_n\}$, 我们容易证明其和构成的序列 $\{c_n\} = \{a_n + b_n\}$ 也发散于 $+\infty$. 形式上, 我们写成

$$(+\infty) + (+\infty) = +\infty.$$

类似地, 我们有

$$(+\infty) - (-\infty) = +\infty, \quad (-\infty) + (-\infty) = -\infty,$$
$$(+\infty) \cdot (+\infty) = +\infty, \quad (-\infty) \cdot (-\infty) = +\infty,$$
$$(-\infty) \cdot (+\infty) = -\infty, \quad (+\infty) \cdot (-\infty) = -\infty.$$

但是我们看到, $(+\infty) - (+\infty), (+\infty) + (-\infty), \dfrac{(\infty)}{(\infty)}$ 等却不能直接给出结果, 得仔细分析相关的无穷大量具体表达式才能判断.

此外, 如果我们用 $(a)$ 表示收敛于 $a$ 的任一序列 (于是 $(0)$ 表示无穷小序列),

①我们这里只要对充分后的项求倒数即可, 那时候不会涉及分母为 0 的情况.

则

$$若 a > 0, (a) \cdot (+\infty) = +\infty, \quad (a) \cdot (-\infty) = -\infty,$$
$$若 a < 0, (a) \cdot (+\infty) = -\infty, \quad (a) \cdot (-\infty) = +\infty,$$
$$(a) + (+\infty) = +\infty, \quad (a) + (-\infty) = -\infty,$$
$$(a) - (+\infty) = -\infty, \quad (a) - (-\infty) = +\infty,$$
$$(a)/(+\infty) = (0), \quad (a)/(-\infty) = (0).$$

这里也会出现新的难以直接确定结果的表达式, 如 $(0) \cdot (\pm\infty)$.

上述情形必须根据具体的序列收敛方式才能判定其结果, 统称为未定型.

对于无穷大序列, 类似于收敛序列的不等式关系也是成立的, 譬如: 若 $\{a_n\}$ 为无穷大序列, 自某一项后 $|b_n| \geqslant |a_n|$, 则 $b_n$ 也是无穷大序列.

跟无穷大序列关系紧密的是无界序列. 显然, 无穷大序列一定是无界序列. 然而, 反之不然. 有的无界序列发散到无穷大, 有的无界序列虽然不收敛 (因为收敛序列一定有界) 并不一定发散到无穷大. 例如: $1, \dfrac{1}{2}, 3, \dfrac{1}{4}, 5, \cdots$.

**例 2.15** 序列 $\{a_n\}$ 无界, 但不是无穷大序列, 试证明它一定有子序列收敛, 同时有子序列为无穷大.

**证明** 一方面, 因为 $\{a_n\}$ 不是无穷大序列, 因此 $\exists E_0 > 0, \forall N \in \mathbb{N}, \exists n > N$, 而 $|a_n| \leqslant E_0$.

特别地, 对 $N = 1$, 可找到 $n_1 > 1, |a_{n_1}| \leqslant E_0$. 对 $N = n_1$, 可找到 $n_2 > n_1, |a_{n_2}| \leqslant E_0$. 如此续行, 得到有界子序列 $\{a_{n_k}\}$.

由波-魏定理, 该子序列有收敛子序列, 记为 $\{a_{n_{k_\ell}}\}$, 它当然也是序列 $\{a_n\}$ 的收敛子序列.

另一方面, 因为序列 $\{a_n\}$ 无界, 因此 $\forall E > 0, \exists m \in \mathbb{N}, |a_m| > E$.

特别地, 对 $E = 1$, 我们可找到 $m_1 > 1, |a_{m_1}| > 1$. 再对 $E = \max\{2, |a_1|, \cdots, |a_{m_1}|\}$, 我们可找到 $m_2, |a_{m_2}| > E \geqslant 2$, 且由 $E$ 的取法, 必有 $m_2 > m_1$. 如此续行, 我们得到子序列 $\{a_{m_k}\}$.

对于这个子序列, $\forall E > 0$, 取 $K = [E]$, 当 $k > K$, 就有 $|a_{m_k}| > k \geqslant E$. 因此它是无穷大序列.

无穷大量之间, 还可以加以比较: 譬如与 $n$ 相比, $n^2$ 趋于无穷更快, $n^3$ 就还要再快.

当然还有指数函数, 例如 $2^n$, 它比幂函数更快地趋于无穷.

此外, 还有阶乘 $n!$ 构成的序列, 乃至 $n^n$.

两个无穷大量的比较, 可以通过求它们的商序列的极限来看, 例如: 若 $\lim\limits_{n \to \infty} a_n$

$= \lim_{n \to \infty} b_n = \infty$, 而 $\lim_{n \to \infty} \frac{a_n}{b_n} = \infty^{①}$, 则我们称 $\{a_n\}$ 比 $\{b_n\}$ 更快发散到 $+\infty$, 或者说 $\{a_n\}$ 是 $\{b_n\}$ 的高阶无穷大量.

**例 2.16** 对于 $k \in \mathbb{N}, a > 1$, 比较 $a_n = n^k, b_n = a^n, c_n = n!$.

**解** 上述三个序列显然都发散到 $+\infty$.

我们先讨论 $\frac{b_n}{a_n}$. 记 $\alpha = a - 1 > 0$, 对于 $n > 2k$, 我们考察二项式展开中的第 $(k+1)$ 次项

$$
\begin{aligned}
\frac{a^n}{n^k} = \frac{(1+\alpha)^n}{n^k} \\
> \frac{1}{(k+1)!} \frac{n}{n} \cdot \frac{n-1}{n} \cdots \frac{n-k+1}{n} \cdot (n-k) \cdot \alpha^{k+1} \\
> \frac{1}{(k+1)!} \cdot \frac{1}{2^k} (n-k) \cdot \alpha^{k+1}.
\end{aligned}
$$

显然, 最后一项在 $n \to \infty$ 时发散到无穷. 因此, $b_n$ 比 $a_n$ 更快发散到无穷. $c_n$ 与 $b_n$ 的比较留给读者.

## 2.4 函数的极限

在微积分中, 序列的极限可以算是一个 "引言", 正文则是函数的极限. 事实上, 我们在微积分中主要就是研究函数的几种特殊的极限.

函数是指对定义域 (实数集的一个子集) 上的每个自变量 $x$, 指定一个值域 (也是实数集的一个子集) 上的值 $f(x)$ 与之对应. 而极限, 就是指当 $x$ 趋于某个值 $a$ 时, 相应的函数值趋于某个值 $A$.

基于对 "趋于" 这样一个过程的两种理解方式, 我们有两种函数极限的定义.

**定义 2.4**

(1) 序列式定义. 如果 $f(x)$ 在 $a$ 的某一去心邻域 $\check{U}(a)$ 上有定义, 若对任一序列 $\{x_n\} \subset \check{U}(a)$ 只要满足 $\lim_{n \to \infty} x_n = a$ 就有相应的值序列满足 $\lim_{n \to \infty} f(x_n) = A$, 则称 $f(x)$ 在 $x$ 趋于 $a$ 时的极限为 $A$, 记为 $\lim_{x \to a} f(x) = A$.(读作 "limit $x$ 趋于 $a$, $f(x)$ 等于 $A$")

(2) $\varepsilon$-$\delta$ 定义. 如果 $f(x)$ 在 $a$ 的某一去心邻域 $\check{U}(a)$ 上有定义, 若 $\forall \varepsilon > 0, \exists \delta > 0$, 当 $0 < |x-a| < \delta$, 就有 $|f(x) - A| < \varepsilon$, 则称 $f(x)$ 在 $x$ 趋于 $a$ 时的极限为 $A$, 记为 $\lim_{x \to a} f(x) = A$.

①这里只要对充分后的项加以比较即可, 那时候不会涉及分母为 0. 此外, 若该极限为 0, 则掉换 $a_n$ 与 $b_n$ 即可.

我们今后以 $\varepsilon\text{-}\delta$ 定义为基本定义.

值得注意的是, 在极限的定义中, 我们不关心 $f$ 在 $a$ 点是否有定义, 是否就取 $A$, 关心的是 "不是 $a$ 而趋于 $a$ 时的行为". 这与序列在 $n$ 趋于无穷时的极限是一样的着眼点, 那里序列没有 "第无穷项".

函数极限的 $\varepsilon\text{-}\delta$ 定义可以从图 2.6 来考虑, 其几何含义再一次是 "横着看竖着截": 如果对于任意给的 $\varepsilon$, 都能找到一个充分小的半径 $\delta$, 把去心邻域内的所有点都送到 $A$ 的 $\varepsilon$ 邻域里, 即为收敛.

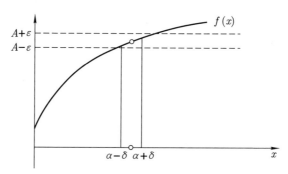

**图 2.6　函数收敛的 $\varepsilon\text{-}\delta$ 定义**

**例 2.17**　求证: $\displaystyle\lim_{x\to 2}(x^2-1)=3$.

**证明**　$\forall 1>\varepsilon>0$, 取 $\delta=\dfrac{\varepsilon}{8}>0,\forall 0<|x-2|<\delta$,

$$|x^2-1-3|=|x-2|\cdot|x+2|<\frac{\varepsilon}{8}\cdot(|x-2|+4)\leqslant\frac{5\varepsilon}{8}.$$

因此, $\displaystyle\lim_{x\to 2}(x^2-1)=3$.

**定理 2.14**　序列式定义和 $\varepsilon\text{-}\delta$ 定义等价.

**证明**　先证按 $\varepsilon\text{-}\delta$ 定义收敛 $\Rightarrow$ 按序列式定义收敛.

若 $\forall\varepsilon>0$, $\exists\delta>0$, 当 $0<|x-a|<\delta$, 就有 $|f(x)-A|<\varepsilon$. 则对任一序列 $\{x_n\}\subset\check{U}(a)$, 满足 $\displaystyle\lim_{n\to\infty}x_n=a$. 由序列极限定义, 对于上述 $\delta>0,\exists N$, 当 $n>N$, 有 $0<|x_n-a|<\delta$, 于是, 相应的值序列满足 $|f(x_n)-A|<\varepsilon$, 此即 $\displaystyle\lim_{n\to\infty}f(x_n)=A$.

因此, $f(x)$ 按序列式定义收敛于 $A$[①].

再证按序列式定义收敛 $\Rightarrow$ 按 $\varepsilon\text{-}\delta$ 定义收敛.

设若不然, 即 $f(x)$ 按照序列式定义收敛于 $A$, 但按 $\varepsilon\text{-}\delta$ 定义不收敛于 $A$, 也就是说

$$\exists\varepsilon_0>0,\forall\delta>0,\exists x_\delta\in\check{U}(a,\delta),|f(x_\delta)-A|>\varepsilon_0.$$

---

[①]注意: 这里一定要搞清楚, 什么是条件, 试图证明什么.

对 $n \in \mathbb{N}$, 考虑 $\delta = \dfrac{1}{n}$, 相应的 $x$ 记为 $x_n$, 它满足 $x_n \in \check{U}\left(a, \dfrac{1}{n}\right)$, 而 $|f(x_n) - A| > \varepsilon_0$. 容易验证, 该序列 $\{x_n\}$ 满足 $\lim\limits_{n \to \infty} x_n = a$, 但相应的值序列不满足 $\lim\limits_{n \to \infty} f(x_n) = A$, 与序列式定义矛盾.

因此, $f(x)$ 按定义 $\varepsilon$-$\delta$ 收敛于 $A$.

函数极限的性质一般都可以从序列式定义和前面序列极限的性质直接得到 (譬如, 关于极限的加法法则我们会给一个这种证明). 以下我们还是以 $\varepsilon$-$\delta$ 定义为出发点来证明这些性质. 第一, 一般我们都以 $\varepsilon$-$\delta$ 定义为函数极限的基本定义; 第二, 我们通过证明可以更好地掌握这种语言和逻辑.

**定理 2.15 (唯一性)** $\lim\limits_{x \to a} f(x)$ 若存在, 必唯一.

**证明** 反证法. 设 $\lim\limits_{x \to a} f(x) = A$ 及 $\lim\limits_{x \to a} f(x) = B \neq A$.

令 $\varepsilon = \dfrac{|A - B|}{4} > 0$, 由 $\lim\limits_{x \to a} f(x_n) = A$ 的定义知: $\exists \delta_1 > 0$, 当 $0 < |x - a| < \delta_1$ 时, 就有

$$|f(x) - A| < \varepsilon.$$

同样, 由 $\lim\limits_{x \to a} f(x) = B$ 的定义知: $\exists \delta_2 > 0$, 当 $0 < |x - a| < \delta_2$ 时, 就有

$$|f(x) - B| < \varepsilon.$$

任取一点 $x \in \check{U}(a, \min\{\delta_1, \delta_2\})$, 上述二式都成立, 于是有

$$|A - B| \leqslant |f(x) - A| + |f(x) - B| < 2\varepsilon = \dfrac{|A - B|}{2}.$$

矛盾.

**定理 2.16 (有界性)** $\lim\limits_{x \to a} f(x)$ 若存在, 则 $f(x)$ 在 $a$ 的某个去心邻域内有界.

**证明** 令 $\varepsilon = 1, \exists \delta > 0$, 当 $0 < |x - a| < \delta$, 就有

$$|f(x) - A| < 1,$$

因此在 $\check{U}(a, \delta)$ 上, $|f(x)| < |A| + 1$.

**定理 2.17 (保号性)** 若 $\lim\limits_{x \to a} f(x) \neq 0$, 则在 $a$ 的某个去心邻域内, $f(x)$ 与 $\lim\limits_{x \to a} f(x)$ 同号.

证明与上面有界性类似, 取 $\varepsilon = \dfrac{|\lim\limits_{x \to a} f(x)|}{2}$ 即可.

**定理 2.18 (四则运算)**　若 $\lim\limits_{x \to a} f(x)$ 和 $\lim\limits_{x \to a} g(x)$ 收敛, 则下述极限存在, 且为

$$\lim_{x \to a}(f(x) + g(x)) = \lim_{x \to a} f(x) + \lim_{x \to a} g(x),$$

$$\lim_{x \to a}(f(x) - g(x)) = \lim_{x \to a} f(x) - \lim_{x \to a} g(x),$$

$$\lim_{x \to a}(f(x) \cdot g(x)) = \lim_{x \to a} f(x) \cdot \lim_{x \to a} g(x).$$

若 $\lim\limits_{x \to a} g(x) \neq 0$, 则

$$\lim_{x \to a}(f(x)/g(x)) = \lim_{x \to a} f(x) / \lim_{x \to a} g(x).$$

上述定理说明, 极限运算可以 "通进" 四则运算中.

**证明**　我们先说加法. 有两种证明, 一个是按序列式定义的. 对于 $\forall \{x_n\} \subset \breve{U}(a)$, 满足 $\lim\limits_{n \to \infty} x_n = a$, 由 $\lim\limits_{x \to a} f(x)$ 知 $\lim\limits_{n \to \infty} f(x_n)$ 收敛, 同理 $\lim\limits_{n \to \infty} g(x_n)$ 也收敛.

由序列极限的加法法则,

$$\lim_{n \to \infty}(f + g)(x_n) = \lim_{n \to \infty}(f(x_n) + g(x_n)) = \lim_{n \to \infty} f(x_n) + \lim_{n \to \infty} g(x_n).$$

再由序列式定义知, 这就是说 $\lim\limits_{x \to a}(f(x) + g(x)) = \lim\limits_{x \to a} f(x) + \lim\limits_{x \to a} g(x)$.

再按照 $\varepsilon$-$\delta$ 定义证一遍.

$\forall \varepsilon > 0$, 由 $\lim\limits_{x \to a} f(x)$ 收敛 (记极限为 $A$) 知: $\exists \delta_1 > 0, \forall 0 < |x - a| < \delta_1, |f(x) - A| < \varepsilon$. 由 $\lim\limits_{x \to a} g(x)$ 收敛 (记极限为 $B$) 知: $\exists \delta_2 > 0, \forall 0 < |x - a| < \delta_2, |g(x) - B| < \varepsilon$.

取 $\delta = \min\{\delta_1, \delta_2\} > 0$, 当 $0 < |x - a| < \delta$ 时, 有 $|(f + g)(x) - (A + B)| \leqslant |f(x) - A| + |g(x) - B| < 2\varepsilon$. 得证.

减法的证明类似. 乘法的证明需用到上面收敛必有界的结论.

最后, 我们证明除法.

由 $\lim\limits_{x \to a} g(x) \equiv B \neq 0$, 取 $\varepsilon_1 = \dfrac{1}{2}|B| > 0$, 则 $\exists \delta_1 > 0$, 当 $0 < |x - a| < \delta_1$ 时, 有

$$|g(x) - B| < \varepsilon_1,$$

于是 $|g(x)| \geqslant |B| - \varepsilon = \dfrac{|B|}{2}$, 因此 $\dfrac{1}{|g(x)|} < \dfrac{2}{|B|}$.

记 $\lim\limits_{x \to a} f(x) = A$, 则 $\forall \varepsilon > 0, \exists \delta_2 > 0$, 当 $0 < |x - a| < \delta_2$ 时, 有

$$|f(x) - A| < \frac{|B|}{4}\varepsilon.$$

同样 $\exists \delta_3 > 0$, 当 $0 < |x - a| < \delta_3$ 时, 有

$$|g(x) - B| < \frac{B^2}{4\max\{|A|, 1\}}\varepsilon.$$

取 $\delta = \min\{\delta_1, \delta_2, \delta_3\}$, 则当 $0 < |x - a| < \delta$, 上述诸不等式均成立, 因此,

$$\left| \frac{f(x)}{g(x)} - \frac{A}{B} \right| = \left| \frac{(f(x) - A)B - A(g(x) - B)}{g(x)B} \right|$$

$$\leqslant \frac{2}{B^2} (|f(x) - A||B| + |A||g(x) - B|)$$

$$< \varepsilon.$$

从上述定理, 我们立刻得到极限运算的线性性, 即

$$\lim_{x \to a} (\lambda f(x) + \mu g(x)) = \lambda \lim_{x \to a} f(x) + \mu \lim_{x \to a} g(x),$$

以及有理式性质, 即若 $P(y), Q(y)$ 为多项式, 且 $Q(\lim_{x \to a} g(x)) \neq 0$, 则[1]

$$\lim_{x \to a} \frac{P(f(x))}{Q(g(x))} = \frac{P(\lim_{x \to a} f(x))}{Q(\lim_{x \to a} g(x))}.$$

特别地,

$$\lim_{x \to a} \frac{P(x)}{Q(x)} = \frac{P(a)}{Q(a)}.$$

这一结论可以用来直接求解一些有理式形式的极限.

**例 2.18**  求 $\displaystyle \lim_{x \to 2} \frac{x^3 - 2x^2 + 1}{x^2 + 1}$.

**解**  直接代入可得

$$\lim_{x \to 2} \frac{x^3 - 2x^2 + 1}{x^2 + 1} = \frac{2^3 - 2 \cdot 2^2 + 1}{2^2 + 1} = \frac{1}{5}.$$

与序列极限的情况一样, 我们也有函数极限的不等式性质、夹挤原理如下.

**定理 2.19 (不等式)**  若 $\lim_{x \to a} f(x), \lim_{x \to a} g(x)$ 均收敛, 且在 $a$ 的某去心邻域内有 $f(x) \leqslant g(x)$, 则 $\lim_{x \to a} f(x) \leqslant \lim_{x \to a} g(x)$[2].

若

$$\lim_{x \to a} f(x) \leqslant \lim_{x \to a} g(x),$$

则必有在 $a$ 的某去心邻域内满足

$$f(x) \leqslant g(x).$$

---

[1]这些性质的证明只需要针对幂函数 (单项式) 即可, 而幂函数由极限的乘积法则多次运用即得.

[2]若 $f(x) < g(x)$, 结论仍为 $\lim_{x \to a} f(x) \leqslant \lim_{x \to a} g(x)$. 另外, 对 $f(x) > g(x)$ 情形有类似结论.

**定理 2.20 (夹挤原理)**  若在 $a$ 的某去心邻域内定义的三个函数满足 $f(x) \leqslant g(x) \leqslant h(x)$, 而且 $\lim\limits_{x \to a} f(x) = \lim\limits_{x \to a} h(x) = A$, 则有 $\lim\limits_{x \to a} g(x) = A$.

**证明**  $\forall \varepsilon > 0$, 由 $\lim\limits_{x \to a} f(x) = \lim\limits_{x \to a} h(x) = A$ 知: $\exists \delta_1, \delta_2 > 0$, 当 $0 < |x - a| < \delta_1$, 有 $|f(x) - A| < \varepsilon$, 当 $0 < |x - a| < \delta_2$, 有 $|h(x) - A| < \varepsilon$.

若三个函数都在 $a$ 的某个去心邻域 $\check{U}(a, \eta)$ 内有定义, 我们取 $\tilde{\delta} = \min\{\delta_1, \delta_2, \eta\}$, 当 $0 < |x - a| < \tilde{\delta}$ 时, 有 $f(x) - A > -\varepsilon, h(x) - A < \varepsilon$. 再由 $f(x) \leqslant g(x) \leqslant h(x)$, 就有

$$-\varepsilon < f(x) - A \leqslant g(x) - A \leqslant h(x) - A < \varepsilon.$$

因此, $\lim\limits_{x \to a} g(x) = A$.

我们讨论几个跟三角函数相关的极限.

**例 2.19**  求 $\lim\limits_{x \to 0} \sin x$.

**解**  $\forall \varepsilon > 0$, 取 $\delta = \varepsilon > 0$, 当 $0 < |x| < \delta$ 时, 有

$$|\sin x| < |x| < \delta = \varepsilon.$$

因此, $\lim\limits_{x \to 0} \sin x = 0$.

**例 2.20**  求 $\lim\limits_{x \to 0} \cos x$.

**解**  $\forall \varepsilon > 0$, 取 $\delta = \sqrt{\varepsilon} > 0$, 当 $0 < |x| < \delta$ 时, 有

$$|\cos x - 1| = 2 \sin^2 \frac{x}{2} < \frac{x^2}{2} < \delta^2 = \varepsilon.$$

因此, $\lim\limits_{x \to 0} \cos x = 1 = 0$.

**例 2.21**  求 $\lim\limits_{x \to a} \sin x$.

**解**  注意到

$$
\begin{aligned}
|\sin x - \sin a| &= 2 \left| \sin \frac{x - a}{2} \cos \frac{x + a}{2} \right| \\
&\leqslant 2 \left| \sin \frac{x - a}{2} \right| \\
&\leqslant |x - a|,
\end{aligned}
$$

$\forall \varepsilon > 0$, 取 $\delta = \varepsilon > 0$, 当 $0 < |x - a| < \delta$ 时, 有

$$|\sin x - \sin a| < |x - a| < \delta = \varepsilon.$$

因此, $\lim\limits_{x \to a} \sin x = \sin a$.

**定理 2.21 (柯西收敛原理)** 若 $f(x)$ 在 $a$ 的某个去心邻域 $\mathring{U}(a,\eta)$ 有定义, 则 $\lim\limits_{x\to a} f(x)$ 存在当且仅当 $\forall \varepsilon > 0, \exists \delta > 0$, 当 $0 < |x-a| < \delta$ 及 $0 < |x'-a| < \delta$ 时, 就有

$$|f(x) - f(x')| < \varepsilon.$$

**证明** $\Rightarrow$: 若 $\lim\limits_{x\to a} f(x) = A, \forall \varepsilon > 0, \exists \delta > 0$, 当 $0 < |x-a| < \delta$ 时, 有

$$|f(x) - A| < \frac{\varepsilon}{2},$$

同样, 又有 $0 < |x'-a| < \delta$, 故

$$|f(x') - A| < \frac{\varepsilon}{2}.$$

于是

$$|f(x) - f(x')| < |f(x) - A| + |f(x') - A| < \varepsilon.$$

$\Leftarrow$: 首先, 由于 $\forall \varepsilon > 0, \exists \delta > 0$, 当 $0 < |x-a| < \delta, 0 < |x'-a| < \delta$ 时, 有

$$|f(x) - f(x')| < \varepsilon,$$

故取 $x_n = a + \dfrac{\eta}{2n}$, 以及 $N = \left[\dfrac{\eta}{2\delta}\right] + 1 \in \mathbb{N}$ 时, 当 $m, n > N$ 时, 就有

$$|x_m - x_n| = \left|\frac{\eta}{2m} - \frac{\eta}{2n}\right| < \frac{\eta}{2N} < \delta.$$

于是 $|f(x_m) - f(x_n)| < \varepsilon$. 因此 $\{f(x_n)\}$ 为基本列, 由序列的柯西收敛原理知其必收敛. 不妨记 $\lim\limits_{x\to a} f(x_n) = A$.

由 $\lim\limits_{x\to a} f(x_n) = A, \exists M \in \mathbb{N}$, 当 $n > M$ 时, 有 $|f(x_n) - A| < \varepsilon$. 特别地, 取 $n = \max\left\{M, \left[\dfrac{\eta}{4\delta}\right]\right\} + 1$, 则 $\forall |x-a| < \dfrac{\delta}{2}$, 必有

$$|x_n - x| < |x_n - a| + |x - a| < \delta, \quad |f(x_n) - A| < \varepsilon.$$

因此

$$|f(x) - A| < |f(x) - f(x_n)| + |f(x_n) - A| < 2\varepsilon.$$

这里, 第二部分的证明分成了两段, 一段是构造一个序列, 通过其值序列收敛得到函数收敛的极限, 然后通过跟它进行比较, 证明在一个充分小邻域内的函数值接近于这个极限. 其实, 上述的证明并不特别依赖于 $x_n$ 的取法, 用类似的办法, 我们完全可以证明任意收敛到 $a$ 的 $\{x_n\}$, 其值序列 $\{f(x_n)\}$ 一定是柯西列, 从而收敛. 那么, 与函数收敛的序列式定义对照, 只差证明所有这样的值序列都收敛到同一个极限. 这可以通过以下方法实现: 记 $\{y_n\}$ 为另一个 (任意的) 收敛到 $a$ 的点列,

易证 $\{x_1, y_1, x_2, y_2, \cdots, x_n, y_n, \cdots\}$ 也收敛到 $a$, 因此相应的值序列 $\{f(x_1), f(y_1),$
$f(x_2), f(y_2), \cdots, f(x_n), f(y_n), \cdots\}$ 必收敛, 因此值序列的两个子序列 $\{f(x_n)\}$,
$\{f(y_n)\}$ 一定收敛到同一个极限.

**定理 2.22 (复合函数)** 若 $f(x)$ 在 $a$ 的某个去心邻域 $\check{U}(a, \eta)$ 有定义, $\lim\limits_{x \to a} f(x)$
$= A$, $g(y)$ 在 $A$ 的某个去心邻域 $U(A, \delta)$ 有定义, $\lim\limits_{y \to A} g(y) = B$, 又 $f(\check{U}(a, \eta)) \subset$
$\check{U}(A, \delta)$, 则复合函数 $g(f(x))$ 有极限 $\lim\limits_{x \to a} g(f(x)) = B$.

函数复合为换元法提供了依据. 例如

$$\lim_{x \to a} f(x) = \lim_{y \to 0} f(y + a).$$

定理中 $f(\check{U}(a, \eta)) \subset \check{U}(A, \delta)$ 是必须满足的. 否则, 考察

$$f(x) = \begin{cases} x, & x > 0, \\ 0, & x \leqslant 0, \end{cases} \quad g(y) = \begin{cases} y, y \neq 0, \\ 1, y = 0, \end{cases}$$

其复合函数为

$$g(f(x)) = \begin{cases} x, & x > 0, \\ 1, & x \leqslant 0. \end{cases}$$

容易知道, $\lim\limits_{x \to 0} f(x) = 0$, $\lim\limits_{y \to 0} g(y) = 0$, 然而, $\lim\limits_{x \to 0} g(f(x))$ 不存在. 这里的问题就出
在 $f$ 把 $x \leqslant 0$ 都映到 0 这一点, 而不是 0 的去心邻域内.

**证明** $\forall \varepsilon > 0$, 由 $\lim\limits_{y \to A} g(y) = B$ 知 $\exists 0 < \alpha < \delta$, 当 $0 < |y - A| < \alpha$ 时, 有

$$|g(y) - B| < \varepsilon.$$

对于此 $\alpha$, 由 $\lim\limits_{x \to a} f(x) = A$ 知 $\exists 0 < \beta < \eta$, 当 $0 < |x - a| < \beta$ 时, 有

$$|f(x) - A| < \alpha.$$

而 $f(\check{U}(a, \eta)) \subset \check{U}(A, \delta)$, 故对 $0 < |x - a| < \beta$, 有

$$|f(x) - A| > 0.$$

因此, $|g(f(x)) - B| < \varepsilon$.

下面, 我们再给出一些函数极限的例子.

**例 2.22** 求 $\lim\limits_{x \to a} \sin x$.

**解**

$$\begin{aligned}
\lim_{x \to a} \sin x &= \lim_{y \to 0} \sin(y + a) \\
&= \lim_{y \to 0} (\sin y \cos a + \cos y \sin a) \\
&= \cos a \lim_{y \to 0} \sin y + \sin a \lim_{y \to 0} \cos y \\
&= \sin a.
\end{aligned}$$

**例 2.23** 求 $\lim\limits_{x \to 0} \dfrac{\sin x}{x}$ (见图 2.7).

**解** 先考虑 $1 > x > 0$, 此时, 由 $\sin x < x < \tan x$ 知

$$\cos x < \frac{\sin x}{x} < 1.$$

再考虑 $-1 < x < 0$, 此时以 $-x$ 代入上式, 由 $\cos x$ 为偶函数知, 仍有

$$\cos x < \frac{\sin x}{x} < 1.$$

再由夹挤原理知 $\lim\limits_{x \to 0} \dfrac{\sin x}{x} = 1$.

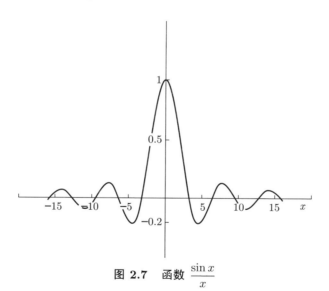

**图 2.7** 函数 $\dfrac{\sin x}{x}$

**例 2.24** 求 $\lim\limits_{x \to 0} \sin \dfrac{1}{x}$ (见图 2.8).

**解** 考察两个序列 $a_n = \dfrac{1}{2n\pi + \dfrac{\pi}{2}}$, $b_n = \dfrac{1}{2n\pi - \dfrac{\pi}{2}}$, 相应的函数值序列分别为 1 和 $-1$ 的常序列. 由收敛原理知原极限不存在.

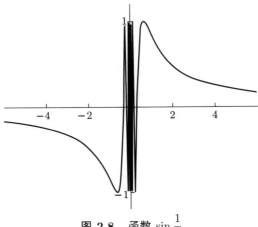

图 2.8 函数 $\sin\dfrac{1}{x}$

**例 2.25** 赫维赛德 (Heaviside) 函数 $H(x) = \begin{cases} 1, x \geqslant 0, \\ 0, x < 0. \end{cases}$ 求 $\lim\limits_{x \to 0} H(x)$ (见图 2.9).

**解** $\exists \varepsilon_0 = \dfrac{1}{2} > 0, \forall \delta > 0$, 取 $x = -\dfrac{\delta}{2}, x' = \dfrac{\delta}{2}$, 满足 $0 < |x| < \delta, 0 < |x'| < \delta$, 但 $|H(x) - H(x')| = 1 > \varepsilon_0$.

由柯西收敛原理知上述极限不存在.

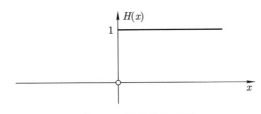

图 2.9 赫维赛德函数

**例 2.26** 符号函数 (见图 2.10)

$$\mathrm{sign}(x) = \begin{cases} -1, & x < 0, \\ 0, & x = 0, \\ 1, & x > 0. \end{cases}$$

它在 $x$ 趋于 0 时极限也不存在.

上述两个例子中的情况, 显然比 $\sin\dfrac{1}{x}$ 的情况好得多, 于是我们定义以下单侧极限.

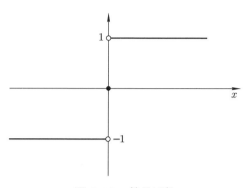

图 2.10 符号函数

如果 $f(x)$ 在 $(a-\eta, a)$ 上有定义, 若 $\forall \varepsilon > 0$ 时, $\exists \delta > 0$, 当 $-\delta < x - a < 0$, 就有 $|f(x) - A| < \varepsilon$, 则称 $f(x)$ 在 $x$ 趋于 $a$ 时的左侧极限为 $A$, 记为 $\lim\limits_{x \to a^-} f(x) = A$.

如果 $f(x)$ 在 $(a, a + \eta)$ 上有定义, 若 $\forall \varepsilon > 0$, $\exists \delta > 0$, 当 $0 < x - a < \delta$, 就有 $|f(x) - A| < \varepsilon$, 则称 $f(x)$ 在 $x$ 趋于 $a$ 时的右侧极限为 $A$, 记为 $\lim\limits_{x \to a^+} f(x) = A$.

对于左侧极限存在的情形, 我们可补充定义当 $x > a$ 时, $f(x) = A$. 于是补充定义后 $\lim\limits_{x \to a} f(x) = A$. 用这个办法, 我们可以证明前面极限的诸性质、运算定理对于左侧极限均成立. 类似地, 对于右侧极限也都成立. 不仅如此, 序列式定义也可类似叙述, 且也与上述 $\varepsilon$-$\delta$ 定义等价.

在这样的定义下, 我们看到

$$\lim_{x \to 0^-} H(x) = 0, \quad \lim_{x \to 0^+} H(x) = 1,$$

及

$$\lim_{x \to 0^-} \text{sign}(x) = -1, \quad \lim_{x \to 0^+} \text{sign}(x) = 1.$$

用 $\varepsilon$-$\delta$ 定义容易证明下面的定理.

**定理 2.23** $\lim\limits_{x \to a} f(x)$ 存在当且仅当两个单侧极限都存在且相等.

**定义 2.5** 函数 $f(x)$ 称为在集合 $E \subset \mathbb{R}$ 上递增 (单调上升) 的, 若在 $E$ 上 $\forall x_1 < x_2$, 都有 $f(x_1) \leqslant f(x_2)$. $f(x)$ 称为严格递增 (严格单调上升) 的, 若 $f(x_1) < f(x_2)$. 函数 $f(x)$ 称为在集合 $E \subset \mathbb{R}$ 上递减 (单调下降) 的, 若在 $E$ 上 $\forall x_1 < x_2$, 都有 $f(x_1) \geqslant f(x_2)$. 称为严格递减 (严格单调下降) 的, 若 $f(x_1) > f(x_2)$. 单调上升和单调下降合称单调的. 严格单调上升和严格单调下降合称严格单调的.

**定理 2.24** 若函数 $f(x)$ 在 $(a - \eta, a)$ 上递增, 则

$$\lim_{x \to a^-} f(x) = \sup\{f(x) | x \in (a - \eta, a)\}.$$

若函数 $f(x)$ 在 $(a, a+\eta)$ 上递增, 则

$$\lim_{x \to a^+} f(x) = \inf\{f(x) | x \in (a, a+\eta)\}.$$

对于递减函数有类似结论.

证明与序列的单调收敛原理类似.

## 2.5    涉及无穷的函数极限

如果在函数极限的定义中, $a$ 或 $A$ 为 $\pm\infty$, 则 $\varepsilon$-$\delta$ 定义需适当修改, 见表 2.1.

**表 2.1    涉及无穷的函数极限**

|  | $A \in \mathbb{R}$ | $A = +\infty$ | $A = -\infty$ | $A = \infty$ |
|---|---|---|---|---|
| $a \in \mathbb{R}$ |  | $\lim\limits_{x \to a} f(x) = +\infty$ | $\lim\limits_{x \to a} f(x) = -\infty$ | $\lim\limits_{x \to a} f(x) = +\infty$ |
| $a = +\infty$ | $\lim\limits_{x \to +\infty} f(x) = A$ | $\lim\limits_{x \to +\infty} f(x) = +\infty$ | $\lim\limits_{x \to +\infty} f(x) = -\infty$ | $\lim\limits_{x \to +\infty} f(x) = \infty$ |
| $a = -\infty$ | $\lim\limits_{x \to -\infty} f(x) = A$ | $\lim\limits_{x \to -\infty} f(x) = +\infty$ | $\lim\limits_{x \to -\infty} f(x) = -\infty$ | $\lim\limits_{x \to -\infty} f(x) = \infty$ |
| $a = \infty$ | $\lim\limits_{x \to \infty} f(x) = A$ | $\lim\limits_{x \to \infty} f(x) = +\infty$ | $\lim\limits_{x \to \infty} f(x) = -\infty$ | $\lim\limits_{x \to \infty} f(x) = \infty$ |

我们从中举几个例子来给出严格定义.

(1) $\lim\limits_{x \to +\infty} f(x) = A$: 如果 $f(x)$ 在某一区间 $[\alpha, +\infty)$ 上有定义, $\forall \varepsilon > 0, \exists \Delta > \alpha$, 当 $x > \Delta$ 时, 就有

$$|f(x) - A| < \varepsilon,$$

则称 $f(x)$ 在 $x$ 趋于 $+\infty$ 时的极限为 $A$.

(2) $\lim\limits_{x \to +\infty} f(x) = +\infty$: 如果 $f(x)$ 在某一区间 $[\alpha, +\infty)$ 上有定义, $\forall E \in \mathbb{R}$, $\exists \Delta > \alpha$, 当 $x > \Delta$ 时, 就有 $f(x) > E$, 则称 $f(x)$ 在 $x$ 趋于 $+\infty$ 时的极限为 $+\infty$.

(3) $\lim\limits_{x \to \infty} f(x) = A$: 如果 $f(x)$ 在某 $(-\infty, -\alpha] \cup [\alpha, +\infty)$ 上有定义, $\forall \varepsilon > 0$, $\exists \Delta > \alpha$, 当 $|x| > \Delta$ 时, 就有

$$|f(x) - A| < \varepsilon,$$

则称 $f(x)$ 在 $x$ 趋于 $\infty$ 时的极限为 $A$.

(4) $\lim\limits_{x \to \infty} f(x) = \infty$: 如果 $f(x)$ 在某 $(-\infty, -\alpha] \cup [\alpha, +\infty)$ 上有定义, $\forall E \in \mathbb{R}$, $\exists \Delta > 0$, 当 $|x| > \Delta$ 时, 就有 $|f(x)| > E$, 则称 $f(x)$ 在 $x$ 趋于 $\infty$ 时的极限为 $\infty$.

**例 2.27**

$$\lim_{x \to \infty} \frac{1}{x} = 0.$$

**例 2.28**

$$\lim_{x \to \infty} \frac{3x^2 + 2x + 3}{x^2 + 1} = 3.$$

这里用到四则运算和复合函数的极限定理, 即

$$\lim_{x \to \infty} \frac{3x^2 + 2x + 3}{x^2 + 1} = \lim_{x \to \infty} \frac{3 + 2\dfrac{1}{x} + 3\dfrac{1}{x^2}}{1 + \dfrac{1}{x^2}}$$

$$= \lim_{\frac{1}{x} \to 0} \frac{3 + 2\dfrac{1}{x} + 3\dfrac{1}{x^2}}{1 + \dfrac{1}{x^2}}$$

$$= 3.$$

## 习　　题

1. 写出下述序列的前 5 项:

   (1) $a_n = (-1)^n + 2n + n^2$;

   (2) $a_1 = 1, a_2 = 2, a_{n+2} = a_{n+1}a_n - a_n^2$;

   (3) $a_1 = p, b_1 = q, a_{n+1} = \sqrt{a_n b_n}, b_{n+1} = \dfrac{a_n + b_n}{2}$.

2. 为什么 "$\forall \varepsilon > 0, \exists N \in \mathbb{N}$ 时, 当 $n > N$ 时, $x_n < \varepsilon$" 不能给出无穷小序列的定义? 试举例说明.

3. 用定义证明下述序列是无穷小序列:

   (1) $a_n = \dfrac{1+n}{n^2}$;

   (2) $a_n = \dfrac{(-1)^{n+1} + 1}{3\sqrt{n}}$;

   (3) $a_n = \sqrt{n+2} - \sqrt{n}$.

4. 无穷小序列 $\{a_n\}$ 满足 $a_n \neq 0$, 是否序列 $\left\{\dfrac{1}{a_n}\right\}$ 一定为无界序列? 若是, 证明之; 若不是, 举例说明.

5. 证明 $a_n = \dfrac{1}{1 \cdot 2} - \dfrac{1}{2 \cdot 3} + \dfrac{1}{3 \cdot 4} + \cdots + (-1)^{n+1} \dfrac{1}{n \cdot (n+1)}$ 为有界序列.

6. $\{a_n\}$ 为无界序列, 是否序列 $\left\{\dfrac{1}{a_n}\right\}$ 一定为无穷小序列? 若是, 证明之; 若不是, 举例说明.

7. 试证明 $a_n = \left(\dfrac{1}{n!}\right)^{\frac{1}{n+1}}$ 是无穷小序列.

8. 若 $\lim_{n \to \infty} a_n = a$, 则 $\lim_{n \to \infty} a_{2n} = a$.

9. 若 $\lim\limits_{n\to\infty}|a_n|=a$, 是否一定有 $\lim\limits_{n\to\infty}a_n=a$? 若是, 证明之; 若不是, 举例说明.

10. 按定义证明 $\lim\limits_{n\to\infty}(0.1\overbrace{66\cdots6}^{n})=\dfrac{1}{6}$.

11. 按定义证明 $\lim\limits_{n\to\infty}\dfrac{20n^3-5n^2+314n+1.414}{0.003n^3+30000n}=\dfrac{20000}{3}$.

12. 按定义证明: 若 $\lim\limits_{n\to\infty}a_n=2$, 则 $\exists N\in\mathbb{N}$, 当 $n>N$ 时, 有 $a_n<2.001$.

13. 按定义证明: 若 $\lim\limits_{n\to\infty}a_{2n+1}=2$, $\lim\limits_{n\to\infty}a_{2n}=1$, 则 $a_n$ 不收敛.

14. 证明 $\lim\limits_{n\to\infty}\dfrac{n^{100}}{1.1^n}=0$.

15. 利用序列极限的性质计算下列极限:

(1) $\lim\limits_{n\to\infty}\dfrac{5n^5-2n^3+n-12}{n^5+n^4+n^3+n^2+n+1}$;

(2) $\lim\limits_{n\to\infty}\left(\dfrac{1}{\sqrt{n^2+1}+\cdots+\sqrt{(n+1)^2}}\right)$;

(3) $\lim\limits_{n\to\infty}(1+x)(1+x^2)(1+x^4)\cdots(1+x^{2^n})$, 这里 $|x|<1$;

(4) $\lim\limits_{n\to\infty}\dfrac{(-3)^n+4^n}{(-3)^{n+1}+4^{n+1}}$;

(5) $\lim\limits_{n\to\infty}a_n$, 其中 $a_1=2,a_2=1,a_{n+2}=\dfrac{a_n+a_{n+1}}{2}$;

(6) $\lim\limits_{n\to\infty}a_n$, 其中 $a_1=2,a_{n+1}=\dfrac{a_n+\dfrac{1}{a_n}}{2}$.

16. 利用单调收敛原理证明 $0.1\overbrace{66\cdots6}^{n}$ 收敛, 并求出其极限.

17. 利用单调收敛原理证明 $\overbrace{\sqrt{3+\sqrt{3+\cdots\sqrt{3}}}}^{n}$ 收敛, 并求出其极限.

18. 斐波那契 (Fibonacci) 数列为 $a_0=a_1=1,a_{n+1}=a_n+a_{n-1}$. 试证明 $b_n=\dfrac{a_n}{a_{n+1}}$ 收敛, 并求出极限.

19. 若 $\{a_{2k-1}\},\{a_{3k-1}\},\{a_{2k}\}$ 都收敛, 试证明 $\{a_k\}$ 收敛.

20. 在序列 $1,2,1.1,2.2,1.11,2.22,\cdots$ 中找出三个收敛子序列.

21. 构造一个序列 $\{a_k\}$, 对于 $(0,1)$ 之间的任意一个有理数, 都能找到其中一个子序列收敛于该有理数.

22. 用柯西收敛原理讨论下述序列是否收敛:

(1) $a_n=\sqrt{n+2}-\sqrt{n}$;

(2) $a_n=\dfrac{1}{1\cdot2}-\dfrac{1}{2\cdot3}+\dfrac{1}{3\cdot4}+\cdots+(-1)^{n+1}\dfrac{1}{n\cdot(n+1)}$;

(3) $a_n = 1 + \dfrac{\sin 1}{2} + \dfrac{\sin 2}{2^2} + \cdots + \dfrac{\sin n}{2^n}$.

23. 已知 $\lim\limits_{n \to \infty} x_n = a$, 证明:
$$\lim_{n \to \infty} \frac{x_1 + 2x_2 + \dots + nx_n}{n^2} = \frac{a}{2}.$$

24. 设 $c > 0$, 任取 $0 < x_0 < \dfrac{1}{c}$, 构造迭代序列 $x_{n+1} = x_n(2 - cx_n)$. 求 $\lim\limits_{n \to \infty} x_n$.

25. $\{a_n\}$ 为无穷大量, $\{b_n\}$ 为无穷小序列, 试讨论二者之和与商的极限, 并证明之.

26. 讨论下述各序列是否为无穷小序列、有界序列、收敛序列、无界序列、无穷大序列 (简要说出理由):

(1) $x_n = \left(1 + \dfrac{1}{n}\right)^{\frac{1}{n}}$;

(2) $x_n = (1 + n)^{\frac{1}{n}}$;

(3) $x_n = \left(1 + \dfrac{1}{n}\right)^{n}$;

(4) $x_n = \left(1 + \dfrac{1}{n}\right)^{n^2}$;

(5) $x_n = \left(1 + \dfrac{1}{n^2}\right)^{n}$;

(6) $x_n = \begin{cases} \left(1 + \dfrac{1}{n}\right)^n, & n = 2k, \\ n, & n = 2k+1. \end{cases}$

27. 已知数列 $a_n = \dfrac{1}{1 \cdot 2} - \dfrac{1}{2 \cdot 3} + \dfrac{1}{3 \cdot 4} + \cdots + (-1)^{n+1}\dfrac{1}{n \cdot (n+1)}$. 求极限 $\lim\limits_{n \to \infty} a_n$.

28. 用 $\varepsilon$-$\delta$ 定义证明下列极限:

(1) $\lim\limits_{x \to 3} (x^2 - x) = 6$;

(2) $\lim\limits_{x \to 2} \dfrac{3x^2 - 14x + 16}{x - 2} = -2$;

(3) $\lim\limits_{x \to 1} \dfrac{x^2 - 1}{\sqrt{x} - 1} = 4$;

(4) $\lim\limits_{x \to 0} \dfrac{1 - \cos x}{x} = 0$;

(5) $\lim\limits_{x \to 0} \left(x \cdot \sin \dfrac{1}{x}\right) = 0$.

29. 判断函数极限的定义与下列形式是否等价:

(1) $\forall n \in \mathbb{N}, \exists \delta > 0, \forall 0 < |x - a| < \delta, |f(x) - A| < \dfrac{1}{2^n}$;

(2) $\forall \varepsilon > 0, \exists n \in \mathbb{N}, \forall 0 < |x - a| < \dfrac{1}{n}, |f(x) - A| < \varepsilon$;

(3) $\forall \varepsilon > 0, \exists \delta > 0, \forall 0 < |x - a| < \delta, |f(x) - A| < \varepsilon^2$;

(4) $\forall \varepsilon > 0, \exists \delta > 0, \forall 0 < |x - a| < \varepsilon\delta, |f(x) - A| < \varepsilon$;

(5) $\forall \varepsilon > 0, \exists \delta > 0, \forall 0 < |x - a| < \delta, |f(x) - A| < \varepsilon\delta$.

30. 计算下列极限:

(1) $\lim\limits_{x \to 0} \dfrac{x^3 - x^2 + 2x}{x + 1}$;

(2) $\lim\limits_{x \to 1} \dfrac{(x^3 - 1)^2}{(x - 1)^2}$;

(3) $\lim\limits_{x \to 2} \dfrac{\tan(x - 2) - \sin(x - 2)}{x - 2}$;

(4) $\lim\limits_{h \to 0} \dfrac{\cos 2(x + h) - \cos 2x}{h}$;

(5) $\lim\limits_{h \to 0} \dfrac{\sin 3h - 4 \sin 2h}{\sin h}$;

(6) $\lim\limits_{h \to 0} \left( h \left[ \dfrac{1}{h} \right] \right)$.

31. 计算下列函数在指定点的单侧极限:

(1) $f(x) = x - \left[ \dfrac{1}{x} \right], x_0 = \dfrac{1}{n}$;

(2) $f(x) = \operatorname{sgn}(x^2 - 1) \cdot (x + 1)^2, x_0 = 1$;

(3) $D(x) = \begin{cases} \dfrac{1}{p}, & x = \dfrac{q}{p}, (p, q) = 1, \\ 0, & x \notin \mathbb{Q}, \end{cases} \quad x_0 = \sqrt{2}$.

32. 计算下列极限:

(1) $\lim\limits_{x \to \infty} \dfrac{\tan x}{x}$;

(2) $\lim\limits_{x \to \infty} x \arctan x$;

(3) $\lim\limits_{x \to \infty} \dfrac{2x^3 - 5x + 6}{x^3 - 2}$;

(4) $\lim\limits_{x \to -\infty} (\sqrt{x^2 + 2x + 3} - x - 1)$;

(5) $\lim\limits_{x \to +\infty} \left( x \left[ \dfrac{1}{x} \right] \right)$;

(6) $\lim\limits_{x \to \infty} \dfrac{2\sqrt{x + \sqrt{x^4 + 3}}}{x - 2}$.

33. 按照定义证明: $\lim\limits_{x\to+\infty}(f(x)+g(x))=\lim\limits_{x\to+\infty}f(x)+\lim\limits_{x\to+\infty}g(x)$.

34. 如果 $\lim\limits_{x\to\infty}[f(x)-(kx+b)]=0$, 就称函数 $y=f(x)$ 有渐近线 $y=kx+b$. 试给出求渐近线的公式, 并对 $y=\dfrac{x^2+x+1}{x+1}$ 求出渐近线.

# 第三章 连续函数

在演绎表述的理论系统中,我们总是从最基本的概念出发 (实数、确界、极限),推出性质、判断、演算等的理论, 然后不断增加对这些概念的限制, 也就是说, 减小研究的范围, 赋予研究对象更多的额外性质, 以得到更细致、更好的结论. 在微积分里, 我们对函数的一个重要限制就是连续性.

## 3.1 函数的连续性

如前所述, 函数如果在其定义域内的一点 $a$ 点附近 "足够" 好, 就有极限 $\lim\limits_{x \to a} f(x) = A$. 而如果有 $A = f(a)$, 那么就表明当 $x$ 趋于 $a$ 时, 函数值也趋于 $a$ 点的函数值. 这时我们称函数 $f(x)$ 在 $a$ 点连续.

注意到 $f(x)$ 在 $a$ 点连续即 $\lim\limits_{x \to a} f(x) = f(\lim\limits_{x \to a} x)$, 实际上, 连续就是极限可以 "通进" 函数里.

注意到在一点连续包含了在 (趋于) 该点函数极限存在, 而且函数值与极限一致, 因此函数极限的各项性质均可照搬过来. 为完整起见, 我们仍然给出严格的定义.

**定义 3.1 ($\varepsilon$-$\delta$ 语言)** 函数 $f(x)$ 在 $a$ 点的某个邻域 $U(a, \eta)$ 有定义, 称它在 $a$ 点连续, 若 $\forall \varepsilon > 0, \exists \delta > 0$, 当 $|x - a| < \delta$ 时, 就有

$$|f(x) - f(a)| < \varepsilon.$$

**定义 3.2 (序列式)** 函数 $f(x)$ 在 $a$ 点的某个邻域 $U(a, \eta)$ 有定义, 称它在 $a$ 点连续, $\forall \{x_n\} \subset U(a, \eta)$, 若 $\lim\limits_{n \to \infty} x_n = a$, 就有

$$\lim_{n \to \infty} f(x_n) = f(a).$$

我们以 $\varepsilon$-$\delta$ 语言的定义为基本定义.

**例 3.1** 函数 $f(x) = x^2$ 在 $x = 0$ 处连续.

**证明** $\forall \varepsilon > 0, \exists \delta = \sqrt{\varepsilon} > 0, \forall |x| < \delta$, 有

$$|f(x)| = x^2 < \delta^2 = \varepsilon.$$

我们有以下一组定理. 若 $f(x), g(x)$ 在 $a$ 点连续, 则

(1) 它在 $a$ 点的某个邻域有界;

(2) 若 $f(a) \neq 0$, 它在 $a$ 点的某个邻域与 $f(a)$ 同号;

(3) (四则运算) $f(x) + g(x), f(x) - g(x), f(x)g(x)$ 也在 $a$ 点连续; 若 $g(a) \neq 0$, 则 $\dfrac{f(x)}{g(x)}$ 在 $a$ 点连续;

(4) (线性性) $\forall \lambda, \mu \in \mathbb{R}$, 有 $\lambda f(x) + \mu g(x)$ 在 $a$ 点连续;

(5) (有理式性质) 若 $P(y), Q(y)$ 为多项式, 且 $Q(g(a)) \neq 0$, 则 $\dfrac{P(f(x))}{Q(f(x))}$ 在 $a$ 点连续;

(6) 若 $f(a) < g(a)$, 则在 $a$ 点的某个邻域有 $f(x) < g(x)$;

(7) (夹挤原理) 若 $f(a) = g(a)$, 且函数 $h(x)$ 满足 $f(x) \leqslant h(x) \leqslant g(x)$, 则 $h(x)$ 在 $a$ 点连续;

(8) $|f(x)|$ 在 $a$ 点连续;

(9) (复合函数) 若 $\phi(y)$ 在 $f(a)$ 点连续, 则 $\phi(f(x))$ 在 $a$ 点连续.

这里值得考虑两个问题: 在复合函数的定理中, 为什么没有复合函数的极限定理中所需的条件了? 为什么这里没有类似于柯西收敛原理的定理了?

对于前者, 原因在于不再有去心邻域的困扰. 事实上, 这个定理的证明是典型的数学分析风格的.

$\forall \varepsilon > 0$, 由 $\phi(y)$ 在 $f(a)$ 点连续, $\exists \delta > 0, \forall |y - f(a)| < \delta$, 有 $|\phi(y) - \phi(f(a))| < \varepsilon$.

再由 $f(x)$ 在 $a$ 点连续, 对上述 $\delta > 0, \exists \eta > 0, \forall |x - a| < \eta, |f(x) - f(a)| < \delta$. 于是 $|\phi(f(x)) - \phi(f(a))| < \varepsilon$.

对于后者, 我们如果写出类似的定理, 会是: $f(x)$ 在 $a$ 点连续当且仅当 "$\forall \varepsilon > 0, \exists \delta > 0, \forall |x - a| < \delta, |x' - a| < \delta$, 有 $|f(x) - f(x')| < \varepsilon$". 可是这样的话, 取 $x' = a$ 就很容易证明连续, 因此这个定理就有点平凡了.

下面讨论不连续.

问题: 一个函数 $f(x)$ 在 $a$ 点连续, 那么必须在某个邻域上有定义, 是不是它一定在这个或者某个更小的邻域上的每个点都连续呢?

跟不少人的直觉不一致, 答案是否定的.

为此, 我们先来看看函数 $f(x)$ 在 $a$ 点不连续的定义. 在我们引入连续概念的时候, 我们要求的是 $\lim\limits_{x \to a} f(x) = f(a)$, 那么, 否定它包括两种可能, 或者 $\lim\limits_{x \to a} f(x)$ 不存在, 或者 $\lim\limits_{x \to a} f(x)$ 存在但不等于 $f(a)$. 而如果从 $\varepsilon$-$\delta$ 定义和序列式定义, 我们可以有如下不连续的定义.

**定义 3.3** 函数 $f(x)$ 在 $a$ 点的某个邻域 $U(a, \eta)$ 有定义, 称它在 $a$ 点不连续 (有间断), 若 $\exists \varepsilon_0 > 0, \forall \delta > 0, \exists x \in U(a, \delta)$ 满足 $|f(x) - f(a)| > \varepsilon_0$.

**定义 3.4** 函数 $f(x)$ 在 $a$ 点的某个邻域 $U(a,\eta)$ 有定义, 称它在 $a$ 点不连续 (有间断), 若 $\exists\{x_n\} \subset U(a,\eta)$ 满足 $\lim\limits_{n\to\infty} x_n = a$, 而 $\lim\limits_{n\to\infty} f(x_n)$ 不存在或者 $\lim\limits_{n\to\infty} f(x_n) \neq f(a)$.

考察之前讨论过的 $H(x), \operatorname{sign}(x), \sin\dfrac{1}{x}$ 在 $x = 0$ 处的极限情况, 我们引入以下概念.

**定义 3.5** 函数 $f(x)$ 在 $(a-\eta, a]$ 有定义, 称它在 $a$ 点左连续, 若 $\forall\varepsilon > 0, \exists\delta > 0$, 当 $-\delta < x - a < 0$, 就有 $|f(x) - f(a)| < \varepsilon$. 函数 $f(x)$ 在 $[a, a+\eta)$ 有定义, 称它在 $a$ 点右连续, 若 $\forall\varepsilon > 0, \exists\delta > 0$, 当 $0 < x - a < \delta$, 就有 $|f(x) - f(a)| < \varepsilon$.

按照这个定义, $H(x)$ 在 $0$ 处右连续, $\operatorname{sign}(x)$ 既非左连续也非右连续, 而 $\sin\dfrac{1}{x}$ 就不收敛.

按照这个定义, 我们立刻有以下定理.

**定理 3.1** $f(x)$ 在 $a$ 点连续的充分必要条件是它在 $a$ 点左连续且右连续.

如果函数在某个区间内的每一点都连续 (如果是闭区间, 在左端点右连续, 右端点左连续), 那么就称函数在该区间连续. 如果函数在定义域 (可能是若干个区间的并) 上连续, 就称它为连续函数. 对于连续函数, 求极限就是取函数值, 于是极限的讨论大大简化. 并且, 我们引入记号 $f(x) \in C(a,b)$ 表示在 $(a,b)$ 区间上的连续函数, 还有类似的 $f(x) \in C[a,b]$, $f(x) \in C(a,b]$ $f(x) \in C[a,b)$ 等, 以及 $f(x) \in C(E)$ 表示在集合 $E$ 上连续的函数.

从连续, 以及单侧连续 (左连续和右连续) 的定义, 我们可以把间断分为以下两类:

(1) 第一类间断. $f(x)$ 在 $a$ 点的左极限和右极限都存在, 但是或者左右极限不相等, 或者左右极限相等但不等于 $f(a)$. (其中后者称为可去间断点, 即可重新定义 $f(a) = \lim\limits_{x\to a-} f(x) = \lim\limits_{x\to a+} f(x)$ 以得到连续性).

(2) 第二类间断. $f(x)$ 在 $a$ 点的左极限和右极限至少有一个不存在.

例如函数

$$f(x) = \begin{cases} \dfrac{\sin x}{x}, & x \neq 0, \\ 0, & x = 0, \end{cases}$$

$x = 0$ 是可去间断点.

**例 3.2** 狄利克雷 (Dirichlet) 函数

$$D(x) = \begin{cases} 1, & x \in \mathbb{Q}, \\ 0, & x \notin \mathbb{Q} \end{cases}$$

处处不连续. 参见图 3.1, 但需注意该图并不能很好地反映这个单值函数, 这也从另一方面表明作图的局限性.

**证明** 任何实数 $a$, 既有有理点序列 $\{a_n\}$ 收敛于 $a$ (例如 $a_n = \dfrac{[10^n a]}{10^n}$, 也有无理点序列 $\{q_n\}$ 收敛于 $a$ (例如 $q_n = \dfrac{[10^n a] + \sqrt{2}}{10^n}$), 而它们相应的值序列分别为常序列 1 与 0. 因此, 在 $a$ 点处按照序列式定义, 函数不收敛, 当然不连续.

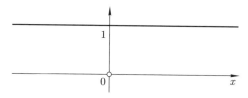

**图 3.1 狄利克雷函数**

**例 3.3** 黎曼 (Riemann) 函数 (见图 3.2)

$$R(x) = \begin{cases} \dfrac{1}{p}, & x = \dfrac{q}{p} \in \mathbb{Q}, (p, q) = 1, p > 0, \\ 0, & x \notin \mathbb{Q} \end{cases}$$

在有理点间断, 在无理点连续.

**证明** 对于任何点 $a \in \mathbb{R}, \forall \varepsilon > 0$, 取 $P = \left[\dfrac{1}{\varepsilon}\right] + 1$.

在 $[[a] - 1, [a] + 1] \setminus \{a\}$ 上, 可表示为 $\dfrac{q}{p}, (p, q) = 1, 1 < p \leqslant P$ 的有理数为有限个. 令 $\delta$ 为这些有理数与 $a$ 的距离之最小值, 则 $\forall 0 < |x - a| < \delta$, 均有

$$R(x) = 0 \ \text{或} \ R(x) = \frac{1}{p} < \frac{1}{P} < \varepsilon.$$

因此, $\lim\limits_{x \to a} R(x) = 0$.

根据定义, 就有黎曼函数在有理点间断, 在无理点连续.

黎曼函数可以作为我们前面提出问题的一个例子: 它在任何一个无理点处都连续, 但是任意取一个邻域, 其中都有不连续点 (有理点). 当然, 还可以有比这更为简单的例子.

**例 3.4** 考虑在 $x = 0$ 处函数

$$f(x) = \begin{cases} x^2, & x \neq \pm\dfrac{1}{p}, p \in \mathbb{N}, \\ \dfrac{x^2}{2}, & x = \pm\dfrac{1}{p}, p \in \mathbb{N} \end{cases}$$

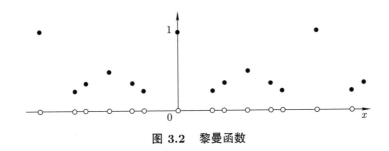

图 3.2    黎曼函数

的连续性容易看出, $\lim\limits_{x\to 0} f(x) = 0 = f(0)$, 但是任何邻域内的 $\pm\dfrac{1}{p}$ 点处都不连续.

## 3.2    闭区间上连续函数的性质

如前所述, 若 $f(x)$ 在 $(a,b)$ 上每一点都连续, 则称它在开区间 $(a,b)$ 上连续. 若它还在 $a$ 点右连续, $b$ 点左连续, 则称它在闭区间 $[a,b]$ 上连续. 在此之前, 我们研究的函数极限只是一点 (和它邻域内) 局部的性质, 而定义了区间 (集合) 上的连续函数之后, 函数的性质就不只是局部的了. 函数在区间上整体的性质, 会受到区间本身的影响, 而不仅是函数是否连续所能单独决定的. 特别地, 闭区间上的连续函数有一些重要性质.

**定理 3.2 (介值定理)**

(1) 若 $f(x)$ 在 $[a,b]$ 上连续, 且 $f(a)f(b) < 0$ (即 $f(a)$, $f(b)$ 异号), 则

$$\exists c \in (a,b), f(c) = 0.$$

(2) 若 $f(x)$ 在 $[a,b]$ 上连续, 且 $f(a)$, $f(b)$ 不等, 则 $f(x)$ 取到 $f(a)$ 与 $f(b)$ 之间的所有值.

介值定理的几何意义是: 连续曲线若两端分别处于 $x$ 轴两侧, 则必与 $x$ 轴相交; 在闭区间函数曲线的两个端点之间任意横着画一条线, 都会至少割到曲线上的一点.

**证明**    首先记 $a_0 = a, b_0 = b$, 那么 $f(a_0)f(b_0) < 0, b_0 - a_0 = \dfrac{b-a}{2^0}$.

考察 $f\left(\dfrac{a_1 + b_1}{2}\right)$, 由三歧性, 它或者为 0, 或者非 0. 若为前者, 则取 $c = \dfrac{a_0 + b_0}{2}$. 若为后者, 则它恰与 $f(a_0)$, $f(b_0)$ 之一异号, 取这一异号的一对, 记为 $a_1$, $b_1$, 满足 $f(a_1)f(b_1) < 0, b_1 - a_1 = \dfrac{b-a}{2^1}$.

如此续行, 或者我们在有限步得到 $c \in (a,b), f(c) = 0$, 或者得到一个闭区间套

$\{[a_n, b_n]\}$, 满足 $f(a_n)f(b_n) < 0$, $b_n - a_n = \dfrac{b-a}{2^n}$.

若为前者, 定理得证. 若为后者, 由闭区间套原理, 存在唯一的 $c \in [a, b], a_n \leqslant c \leqslant b_n, \forall n \in \mathbb{N}$, 且 $c = \lim\limits_{n \to \infty} a_n = \lim\limits_{n \to \infty} b_n$. 而由连续性知

$$f(c) = \lim_{n \to \infty} f(a_n) = \lim_{n \to \infty} f(b_n),$$

于是对 $f(a_n)f(b_n) < 0$ 取极限可得

$$(f(c))^2 = \lim_{n \to \infty} f(a_n) \lim_{n \to \infty} f(b_n) \leqslant 0.$$

因此, 必有 $f(c) = 0$, 如图 3.3 所示.

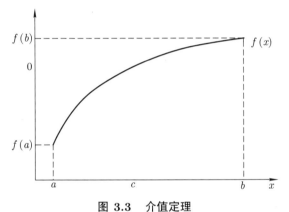

图 3.3 介值定理

定理的后一部分可对函数做平移, 再利用前一部分的结论即得.

介值定理可给出二分法求根. 例如考虑 $f(x) = x^2 - 2$, 满足 $f(1) < 0, f(2) > 0$, 而且容易证明它有单调性, 因此在区间 $(1, 2)$ 中有唯一的根, 这就是 $\sqrt{2}$. 我们到这里终于回答了本书一开始提出的什么是 $\sqrt{2}$ 的问题.

再如, 介值定理可给出下述结论.

**定理 3.3 (不动点)** 若 $f(x)$ 在 $[a, b]$ 上连续, 且 $f([a, b]) \subset [a, b]$, 则存在 $c \in [a, b], f(c) = c$. $c$ 称为 $f(x)$ 的一个不动点.

我们知道, 有界集必有上下确界, 但是仅当确界在该集合中取到, 我们才称之为最大、最小值, 记为 $\max(E), \min(E)$.

**定理 3.4 (最值定理)** 闭区间上的连续函数取到最大和最小值.

**证明** 首先, 我们断言若 $f(x)$ 在 $[a, b]$ 上连续, 则它在 $[a, b]$ 上有界. 否则, 不

妨设 $f(x)$ 在 $[a, b]$ 上无界, 即

$$\forall n \in \mathbb{N}, \exists x_n \in [a, b], |f(x_n)| > n.$$

由于 $\{x_n\} \subset [a, b]$ 有界, 则必有收敛子序列 $\{x_{n_k}\}$, 不妨设 $\lim\limits_{k \to \infty} x_{n_k} = x^*$. 由于 $[a, b]$ 为闭区间, 故 $x^* \in [a, b]$ (这是由 $a \leqslant x_{n_k} \leqslant b$ 得到的). 由连续性,

$$\lim_{k \to \infty} f(x_{n_k}) = f(x^*).$$

但 $|f(x_{n_k})| > n_k$ 为无界序列, 由有界性的定理, 这与它收敛到 $f(x^*) \in \mathbb{R}$ 矛盾.

于是, 由确界原理知道上确界 $M = \sup\{f(x) | x \in [a, b]\}$ 存在.

接着我们证明该上确界一定在某点取到. 由确界定义知

$$\forall m \in \mathbb{N}, \frac{1}{m} > 0, \exists y_m \in [a, b], M \geqslant f(y_m) > M - \frac{1}{m}.$$

与上述有界性证明一样, 可以得到收敛的子序列

$$\lim_{p \to \infty} y_{m_p} = y^* \in [a, b].$$

而由连续性知 $\lim\limits_{p \to \infty} f(y_{m_p}) = f(y^*)$, 于是必有 $M \geqslant f(y^*) \geqslant M$, 即

$$f(y^*) = M = \sup\{f(x) | x \in [a, b]\} = \max_{x \in [a, b]} f(x).$$

最小值的证明类似.

我们指出, 开区间上的连续函数, 最值未必能够取到. 例如 $f(x) = x$ 在 $(0, 1)$ 上的上下确界分别为 1 和 0, 却不能在开区间上取到. 而且, 开区间上连续函数也未必有 (有限的) 最值, 例如 $\frac{1}{x}$ 在 $(0, 1)$ 上就没有最大值.

**定义 3.6** 称 $f(x)$ 在集合 $E$ 上一致连续, 若 $\forall \varepsilon > 0$, $\exists \delta > 0$, $\forall x, x' \in E$, $|x - x'| < \delta$, 就有

$$|f(x) - f(x')| < \varepsilon.$$

这里, 重要的是 $\delta$ 与 $x, x'$ 无关, 也就是能够找到只依赖于 $\varepsilon$ 的 $\delta$, 即连续关于具体的位置 $x, x'$ 是一致的, 因此称为 "一致".

对比一下函数在区间 (集合)$E$ 上连续, 是指在该区间的每一点 $a$ 都连续, 也就是说 $\forall a \in E, \forall \varepsilon > 0, \exists \delta > 0, \forall |x - a| < \delta, x \in E$, 都有 $|f(x) - f(a)| < \varepsilon$. 这里 $\delta$ 是可以依赖于 $a, \varepsilon$ 的. 例如, 对于 $(0, 1)$ 上函数 $f(x) = \frac{1}{x}$, 每一点 $a$ 处, 我们都可以选

择 $\delta = \dfrac{a^2\varepsilon}{a\varepsilon+1} \in (0,a), \forall |x-a| < \delta$, 可以看到

$$\left| \frac{1}{x} - \frac{1}{a} \right| < \frac{\delta}{a(a-\delta)} = \varepsilon.$$

然而, 这样选择的 $\delta$ 当 $a \to 0$ 时也是趋于 $0$ 的. 事实上, 我们取定 $\varepsilon_0 = \dfrac{1}{3}$, 无论选择多小的 $\delta > 0$, 都可以找到点 $a = \min\{\sqrt{\delta}, 1\}$ 和点 $a + \dfrac{\delta}{2}$, 它们之间的距离为 $\dfrac{\delta}{2}$, 而函数值之差

$$\left| \frac{1}{a} - \frac{1}{a+\dfrac{\delta}{2}} \right| = \frac{\delta}{2a^2 + a\delta} \geqslant \frac{1}{3}.$$

**定理 3.5 (一致连续性)** 闭区间上的连续函数必一致连续.

**证明** 设若不然, 即 $\exists \varepsilon_0 > 0, \forall \delta > 0, \exists x, x' \in E, |x-x'| < \delta$, 而

$$|f(x) - f(x')| > \varepsilon_0.$$

$\forall n \in \mathbb{N}$, 取 $\delta = \dfrac{1}{n} > 0$, 则 $\exists x_n, x_n' \in E, |x_n - x_n'| < \dfrac{1}{n}$, 而

$$|f(x_n) - f(x_n')| > \varepsilon_0.$$

由于序列 $\{x_n\} \subset [a,b]$ 有界, 故有收敛子序列

$$\lim_{k\to\infty} x_{n_k} = c.$$

注意到 $[a,b]$ 是闭区间, 我们从 $a \leqslant x_{n_k} \leqslant b$ 取极限看到

$$\lim_{k\to\infty} x_{n_k} = c \in [a,b].$$

而由 $|x_{n_k} - x_{n_k}'| < \dfrac{1}{n_k}$ 知

$$\lim_{k\to\infty} x_{n_k}' = \lim_{k\to\infty} x_{n_k} = c.$$

再由连续性知

$$\lim_{k\to\infty} f(x_{n_k}) = \lim_{k\to\infty} f(x_{n_k}') = f(c).$$

这与构造 $|f(x_{n_k}) - f(x_{n_k}')| > \varepsilon_0$ 矛盾.

我们指出: 对于开区间或无穷区间, 一致连续性一般是不能保证的.

**定理 3.6** "函数 $f(x)$ 在集合 $E$ 上一致连续" 等价于 " $\forall\{x_n\},\{y_n\}\subset E$, $\lim\limits_{n\to\infty}(x_n-y_n)=0$, 必有 $\lim\limits_{n\to\infty}(f(x_n)-f(y_n))=0$".

**证明** $\Rightarrow$: 函数 $f(x)$ 在集合 $E$ 上一致连续, 则 $\forall\varepsilon>0,\exists\delta>0,\forall x,y\in E$, $|x-y|<\delta$, 就有

$$|f(x)-f(y)|<\varepsilon.$$

现在, 由于 $\forall\{x_n\},\{y_n\}\subset E$, $\lim\limits_{n\to\infty}(x_n-y_n)=0$, 对于上述 $\delta>0,\exists N\in\mathbb{N}$, 当 $n>N$ 时, 有 $|x_n-y_n|<\delta$, 因此

$$|f(x_n)-f(y_n)|<\varepsilon,$$

此即

$$\lim_{n\to\infty}(f(x_n)-f(y_n))=0.$$

$\Leftarrow$: 设若不然, $\exists\varepsilon_0>0,\forall\delta>0,\exists x,y\in E,|x-y|<\delta$,

$$|f(x)-f(y)|>\varepsilon_0.$$

$\forall n\in\mathbb{N}$, 取 $\delta=\dfrac{1}{n}>0$, 则 $\exists x_n,y_n\in E$,

$$|x_n-y_n|<\frac{1}{n},\ |f(x_n)-f(y_n)|>\varepsilon_0,$$

则

$$\lim_{n\to\infty}(x_n-y_n)=0,$$

而 $\lim\limits_{n\to\infty}(f(x_n)-f(y_n))=0$ 不可能成立, 矛盾.

## 3.3 单调函数与反函数

一个严格单调的函数, 由于有一一对应, 我们可以定义其反函数. 即若 $f(x)$ 在定义域 $D\subset\mathbb{R}$ 上定义, 而值域为 $R\subset\mathbb{R}$, 则我们对于 $\forall y\in R$, 存在唯一的 $x\in D$ 满足 $f(x)=y$. 我们记 $x=f^{-1}(y)$ 并称之为 $f$ 的反函数. 由于函数的本质是一种映射关系, 因此, 我们写作 $f^{-1}(x)$ , 仍表示同一个关系也是可以的. 容易知道, 严格增的函数, 其反函数也必定严格增, 严格降的函数, 其反函数也必严格降.

如果加上连续性, 一个看上去颇为显然的命题是: 严格单调的连续函数, 其反函数也连续, 参见图 3.4. 函数 $f$ 连续说的是: $\forall\varepsilon>0,\exists\delta>0,\forall|x-a|<\delta$, 必有 $|f(x)-f(a)|<\varepsilon$. 如果要在这个基础上证明反函数 $f^{-1}$ 连续, 相当于要说 $\forall\delta>0,\exists\varepsilon>0,\forall|y-f(a)|<\varepsilon$, 必有 $|f^{-1}(y)-a|<\delta$. 要证明这一点并没有那么容易.

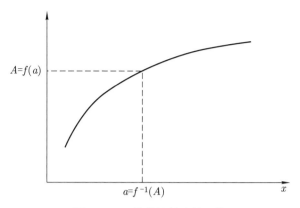

**图 3.4 严格单调的连续函数**

我们转而通过另一种方式来刻画单调函数的连续性.

我们知道, 开区间 $(a,b) = \{x|a < x < b\}$, 闭区间 $[a,b] = \{x|a \leqslant x \leqslant b\}$, 半开半闭区间 $(a,b] = \{x|a < x \leqslant b\}$, $[a,b) = \{x|a \leqslant x < b\}$. 考虑到无穷, 还有 $(-\infty, b) = \{x|x < b\}$, $(-\infty, b] = \{x|x \leqslant b\}$, $(a, +\infty) = \{x|x > a\}$, $[a, +\infty) = \{x|x \geqslant a\}$, 以及整个实数集 $(-\infty, +\infty) = \mathbb{R}$. 所有的开区间、闭区间、半开半闭 (左开右闭或左闭右开) 区间统称为区间.

**引理 3.1** 集合 $E$ 为一个区间的充要条件是: 若 $\alpha < \beta \in E$, 则 $\forall \gamma \in (\alpha, \beta)$, 都有 $\gamma \in E$.

**证明** $\Rightarrow$: 对区间的上述不同情形, 按照定义分别讨论即可.

$\Leftarrow$:

(1) 先考虑区间 $E$ 为有界集的情况. 记 $a = \inf(E), b = \sup(E)$, 那么 $\forall \gamma \in (a,b)$, 由 $a$ 为下确界的定义知, 取 $\varepsilon_1 = \dfrac{\gamma - a}{2} > 0, \exists \alpha \in E$, 满足

$$a \leqslant \alpha < a + \varepsilon_1 = \frac{a + \gamma}{2}.$$

同理, $\exists \beta \in E$, 满足

$$b \geqslant \beta > \frac{b + \gamma}{2}.$$

于是

$$\alpha < \frac{a + \gamma}{2} < \gamma < \frac{b + \gamma}{2} < \beta.$$

由已知, 必有 $\gamma \in E$. 这就证明了 $(a,b) \subset E$.

另一方面, 由确界定义知 $E \subset [a,b]$. 因此, 考察 $a, b$ 是否是 $E$ 中元素后, $E$ 必为 $[a,b], [a,b), (a,b), (a,b]$ 之一.

(2) 若 $E$ 为无界集合, 在 $E$ 中先任取一个元素 $c$①.

若 $E$ 无下界, 则断言 $(-\infty, c) \subset E$. 事实上, $\forall \gamma \in (-\infty, c)$, 由无下界知 $\exists \alpha < \gamma$, 且 $\alpha \in E$, 于是 $\alpha, c \in E$, 而 $\alpha < \gamma < c$, 故 $\gamma \in E$.

若 $E$ 无上界, 类似地, 必有 $[c, +\infty) \subset E$.

因此, 分成以下几种情形:

(a) 若 $E$ 无下界而有上界, 则 $F = E \setminus (-\infty, c]$ 为有界集, $F$ 必为区间且 $c = \inf(F)$, 由有界部分的证明知 $F = (c, \sup(E))$ 或 $F = (c, \sup(E)]$, 相应地, $E = (-\infty, \sup(E))$ 或 $E = (-\infty, \sup(E)]$ 均为区间②.

(b) 若 $E$ 有下界而无上界, 类似地, $E$ 为区间.

(c) 若 $E$ 无上界且无下界, 则 $(-\infty, c] \subset E$, $[c, +\infty) \subset E$, $E = (-\infty, +\infty)$ 为区间.

可以证明: 连续函数把区间映成区间. 这就是以下的定理.

**定理 3.7** 若 $f(x)$ 为区间 $E$ 上的连续函数, 则 $f(E) = \{f(x)|x \in E\}$ 也是区间.

**证明** $\forall A \neq B \in f(E)$, 不妨设 $A = f(a)$, $B = f(b)$, $a, b \in E$, 由于 $E$ 是区间, 故 $[a, b] \subset E$, 因此由介值定理知 $f(x)$ 取遍 $A, B$ 之间的所有值, 故 $f(E)$ 为区间.

一般而言, 上述定理的逆命题并不成立, 即 $f(E)$ 为区间不能推出 $f(x)$ 为区间 $E$ 上的连续函数 (见图 3.5). 但如果 $f(x)$ 为单调函数 (见图 3.6), 逆命题成立.

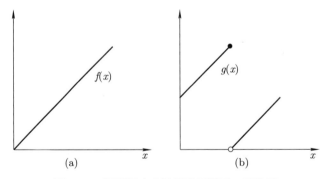

(a)          (b)

**图 3.5 把区间映成区间的函数不一定连续**

①以下的证明采用了归结的办法, 即利用上面的结论, 补充一些, 得到无界集合情况下的结论. 其实, 也可以直接仿照上面有界集合的证明. 例如, 有上界无下界时, $\forall \gamma < b$, 同上取到 $\beta \in E$, 满足 $b \geqslant \beta > \dfrac{b+\gamma}{2}$. 由于无下界, $\exists \alpha \in E$, 且 $\alpha < \gamma$. 于是由已知, 必有 $\gamma \in E$. 这就证明了 $(-\infty, b) \subset E$.

②这里严格地说, 我们有 $E = F \cup (-\infty, c]$. $F$ 继承了题设中 $E$ 所满足的性质, 即若 $\alpha < \beta \in F$, 则 $\forall \gamma \in (\alpha, \beta)$, 都有 $\gamma \in F$.

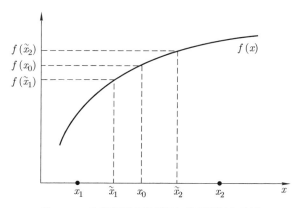

**图 3.6** 单调函数把区间映成区间则必连续

**例 3.5** $f(x) = x$ 把 $[0,2]$ 映成 $[0,2]$. 但经过 "剪裁" 得到的函数

$$g(x) = \begin{cases} x+1, & 0 \leqslant x \leqslant 1, \\ x-1, & 1 < x \leqslant 2, \end{cases}$$

的定义域和值域与 $f(x)$ 完全一样, 却不是连续函数.

**定理 3.8** 若 $f(x)$ 为区间 $E$ 上的单调函数, 则 $f(x)$ 在 $E$ 上连续等价于 $f(E)$ 为区间.

**证明** 只要证明 "$\Leftarrow$".

不妨设 $f(x)$ 在区间 $E$ 上单调递增. $\forall x_0 \in E$, 若 $x_0$ 不是区间的端点, 则 $\exists x_1 < x_0 < x_2$ 其中 $x_1, x_2 \in E$. 由单调性知

$$f(x_1) \leqslant f(x_0) \leqslant f(x_2).$$

由于 $f(E)$ 为区间, 故

$$[f(x_1), f(x_2)] \subset f(E).$$

$\forall \varepsilon > 0$, 若 $f(x_0) - \dfrac{\varepsilon}{2} > f(x_1)$, 则 $f(x_0) \in [f(x_1), f(x_2)] \subset f(E)$, 于是 $\exists \tilde{x}_1 \in E, f(\tilde{x}_1) = f(x_0) - \dfrac{\varepsilon}{2}$. 由单调性 $x_1 < \tilde{x}_1 < x_0$, 此时取 $\delta_1 = x_0 - \tilde{x}_1$. 否则 $f(x_1) \geqslant f(x_0) - \dfrac{\varepsilon}{2}$, 此时取 $\delta_1 = x_0 - x_1$.

同样地, 若 $f(x_0) + \dfrac{\varepsilon}{2} > f(x_2)$, 则 $\exists \tilde{x}_2 \in E, f(\tilde{x}_2) = f(x_0) + \dfrac{\varepsilon}{2}$. 由单调性 $x_0 < \tilde{x}_2 < x_2$, 此时取 $\delta_2 = \tilde{x}_2 - x_0$. 否则 $f(x_2) \geqslant f(x_0) + \dfrac{\varepsilon}{2}$, 此时取 $\delta_2 = x_2 - x_0$.

令 $\delta = \min\{\delta_1, \delta_2\} > 0$, $\forall x \in (x_0 - \delta, x_0 + \delta)$, 由单调性, 必有

$$f(x_0) - \frac{\varepsilon}{2} \leqslant f(x) \leqslant f(x_0) + \frac{\varepsilon}{2},$$

故 $f(x)$ 在 $x_0$ 连续.

若 $x_0$ 为边界点且属于 $E$, 则类似上面可证明其单侧连续.

有了以上判断定理, 我们就可以对严格单调函数的反函数加以分析.

**定理 3.9** 严格单调连续函数的反函数也是严格单调连续函数.

**证明** 若 $f(x)$ 为区间 $E$ 上的严格单调函数且连续, 则 $f(E) = F$ 也是区间.

我们断言 $f^{-1}(y)$ 也是严格单调函数. 事实上, 不妨设 $f(x)$ 在区间 $E$ 上严格单调递增, 则 $\forall y_1 < y_2$, 必有

$$x_1 = f^{-1}(y_1) < x_2 = f^{-1}(y_2),$$

否则, 若 $x_1 \geqslant x_2$, 由 $f(x)$ 严格单调知 $y_1 \geqslant y_2$, 矛盾. 因此, $f^{-1}(y)$ 严格单调递增.

由于 $f^{-1}(y)$ 单调, 且 $E = f^{-1}(F)$ 为区间, 故 $f^{-1}(y)$ 连续.

有了上述定理, 我们就可以对于连续函数在其严格单调的区间里定义反函数, 而这样的反函数本身也是严格单调且连续的. 例如, 从 $y = \sin x$ 我们可以定义 $x = \arcsin y \in \left[-\dfrac{\pi}{2}, \dfrac{\pi}{2}\right]$. 我们也可以由 $y = x^2$ 定义 $x = \sqrt{y} \in [0, +\infty)$, 而正基于此, 才真正有了 $\sqrt{2}$ 的清晰定义 (存在唯一).

## 3.4　指数函数与对数函数

对于 $a \in \mathbb{R}^+$, 连乘 $n$ 次, 就得到其 $n$ 次幂 $a^n$.

**定理 3.10** 对于 $a, b \in \mathbb{R}^+, m, n \in \mathbb{N}$, 下列诸式成立:

(1) $(ab)^m = a^m \cdot b^m$.

(2) $a^{m+n} = a^m \cdot a^n$, $\quad a^{mn} = (a^m)^n = (a^n)^m$.

(3) 若 $a > 1, m > n$, 必有 $a^m > a^n$; 若 $1 > a > 0, m > n$, 必有 $a^m < a^n$.

当上述 $a$ 变化起来, 我们就得到幂函数 $y = x^n$, 容易知道, 它为 $\mathbb{R}^+ \to \mathbb{R}^+$ 的严格单调函数. 严格单调连续函数的反函数仍为严格单调连续函数, 可定义 $x = \sqrt[n]{y} \equiv y^{\frac{1}{n}}$, 这也是一个严格单调递增的连续函数.

进一步地, 我们可以定义任意有理数 $s = \dfrac{p}{q}$ 次方为

$$f(x) = x^{\frac{p}{q}} = \left(x^{\frac{1}{q}}\right)^p.$$

对于这个有理数次方 $a^s = a^{\frac{q}{p}}$, 我们首先说明 $s$ 的不同表示不影响其值.

事实上, 如果 $s = \dfrac{q}{p} = \dfrac{qm}{pm}$, 我们记 $a^{\frac{1}{q}} = c$ 和 $a^{\frac{1}{qm}} = d$, 则

$$a = c^q = d^{qm} = (d^m)^q,$$

由整数次幂函数的严格单调性, 必有 $c = d^m$. 因此

$$c^p = (d^m)^p = d^{pm},$$

而这两端分别是 $a^{\frac{p}{q}}, a^{\frac{pm}{qm}}$ 的定义.

对于有理数次幂, 我们有以下结论.

**定理 3.11** 对于 $a \in \mathbb{R}^+$, 以及 $s, t \in \mathbb{Q}^+$, 下列诸式成立:

(1) $(ab)^s = a^s \cdot b^s$.

(2) $a^{s+t} = a^s \cdot a^t$; $\quad a^{st} = (a^s)^t = (a^t)^s$.

(3) 若 $a > 1$, $s > t$, 则 $a^s > a^t$; 若 $0 < a < 1$, $s > t$, 则 $a^s < a^t$.

(4) 若 $a > 1$, $|s - t| < 1$, 则

$$|a^s - a^t| \leqslant a^t(a-1)|s-t|.$$

**证明** 设 $s = \dfrac{m}{n}, t = \dfrac{p}{q}$, 其中 $m, n, p, q \in \mathbb{N}, (m, n) = (p, q) = 1$.

(1) 令 $A = a^{\frac{1}{n}}, B = b^{\frac{1}{n}}$. 由 $(AB)^n = A^n \cdot B^n = ab$ 知

$$(ab)^{\frac{1}{n}} = AB = a^{\frac{1}{n}} \cdot b^{\frac{1}{n}}.$$

两边同时取 $m$ 次方,

$$\begin{aligned}
(ab)^s &= (ab)^{\frac{m}{n}} \\
&= \left(a^{\frac{1}{n}} \cdot b^{\frac{1}{n}}\right)^m \\
&= \left(a^{\frac{1}{n}}\right)^m \cdot \left(b^{\frac{1}{n}}\right)^m \\
&= a^s \cdot b^s.
\end{aligned}$$

(2)

$$\begin{aligned}
a^{s+t} &= a^{\frac{mq+np}{nq}} \\
&= \left(a^{\frac{1}{nq}}\right)^{mq+np} \\
&= \left(a^{\frac{1}{nq}}\right)^{mq} \cdot \left(a^{\frac{1}{nq}}\right)^{np} \\
&= a^s \cdot a^t.
\end{aligned}$$

记 $u = a^{\frac{1}{qn}}$, 由定义

$$u^{qn} = a,$$

此即

$$(u^q)^n = (u^n)^q = a,$$

因此

$$u^q = a^{\frac{1}{n}}, \quad u^n = a^{\frac{1}{q}},$$

于是

$$a^s = a^{\frac{m}{n}} = u^{qm}.$$

而由 $u^{qm} = (u^m)^q$ 知

$$u^m = (u^{qm})^{\frac{1}{q}},$$

因此我们得到

$$
\begin{aligned}
(a^s)^t &= (u^{qm})^t \\
&= (u^{qm})^{\frac{p}{q}} \\
&= \left((u^{qm})^{\frac{1}{q}}\right)^p \\
&= (u^m)^p \\
&= u^{mp} \\
&= \left(a^{\frac{1}{qn}}\right)^{mp} \\
&= a^{st}.
\end{aligned}
$$

同理, $(a^t)^s = a^{st}$.

(3) 若 $a > 1, s > t$, 则 $mq > np$. 易证 $u = a^{\frac{1}{nq}} > 1$, 因此

$$a^s = \left(a^{\frac{1}{nq}}\right)^{mq} > \left(a^{\frac{1}{nq}}\right)^{np} = a^t.$$

$1 > a > 0$ 的情形类似可证.

(4) 先考虑

$$r \equiv s - t = \frac{mq - np}{nq} \in (0, 1).$$

此时

$$
\begin{aligned}
a^r &= \left(a^{mq-np} \cdot 1^{nq-mq+np}\right)^{\frac{1}{nq}} \\
&\leqslant \frac{(mq - np)a + (nq - mq + np)}{nq} \\
&= ra + (1 - r),
\end{aligned}
$$

即

$$a^r - 1 \leqslant (a-1)r,$$

于是有

$$a^s - a^t \leqslant a^t(a-1)|s-t|.$$

由前一条结论知 $a^s - a^t > 0$.

另一方面, 若 $r = s - t \in (-1, 0)$, 则 $t - s \in (0, 1)$, 于是

$$|a^t - a^s| \leqslant a^s(a-1)|t-s|.$$

而由 $s < t$ 知 $a^s < a^t$, 故

$$|a^t - a^s| \leqslant a^t(a-1)|t-s|.$$

特别地, 当 $s = t$ 时,

$$|a^s - a^t| \leqslant a^t(a-1)|s-t| = 0.$$

上述定理可以推广到指数 $s, t \in \mathbb{R}$ 的一般情况. 为此, 我们对于 $s = 0$, 定义

$$a^0 = 1.$$

对于 $s < 0$, 定义

$$a^s = \left(\frac{1}{a}\right)^{-s}.$$

例如, 上述定理的第一条结论, 运用上述定义, 当 $s < 0$ 时, $-s > 0$,

$$(ab)^s = \left(\frac{1}{ab}\right)^{-s}$$
$$= \left(\frac{1}{a} \cdot \frac{1}{b}\right)^{-s}$$
$$= \left(\frac{1}{a}\right)^{-s} \cdot \left(\frac{1}{b}\right)^{-s}$$
$$= a^s \cdot b^s.$$

其余结论可通过这种变换类似地证明.

**引理 3.2** 若 $a > 0$, 而 $\lim\limits_{n \to \infty} s_n = x, \{s_n\} \subset \mathbb{Q}$, 则 $\{a^{s_n}\}$ 收敛. 且若另有 $\lim\limits_{n \to \infty} t_n = x, \{t_n\} \subset \mathbb{Q}$, 则

$$\lim_{n \to \infty} a^{t_n} = \lim_{n \to \infty} a^{s_n}.$$

**证明**　先考虑 $a > 1$ 的情形.

由 $\{s_n\}$ 收敛知其有界 (不妨记其界为 $M$), 并且是柯西列, 即 $\forall 1 > \varepsilon > 0, \exists N \in \mathbb{N}$, 当 $m, n > N$ 时, 有

$$|s_m - s_n| < \varepsilon < 1.$$

于是

$$|a^{s_m} - a^{s_n}| \leqslant a^{s_n}(a - 1)|s_m - s_n|$$
$$\leqslant a^M(a - 1)\varepsilon,$$

即 $\{a^{s_n}\}$ 也是柯西列, 因此收敛.

再考虑 $1 > a > 0$ 的情形. 此时有 $\dfrac{1}{a} > 1$, 我们考察 $\lim\limits_{n \to \infty}(-s_n) = -x$, $\{-s_n\} \subset \mathbb{Q}$, 以及 $a^{s_n} = \left(\dfrac{1}{a}\right)^{-s_n}$, 由上一情形知其收敛.

最后, 当 $a = 1$ 的情形, 收敛显然.

下面我们讨论若另有 $\lim\limits_{n \to \infty} t_n = x$, $\{t_n\} \subset \mathbb{Q}$, 则 $\{a^{t_n}\}$ 同理收敛. 而且, 我们可构造序列

$$\{s_1, t_1, s_2, t_2, \cdots\},$$

该有理数序列收敛于 $x$, 因此 $\{a^{s_1}, a^{t_1}, a^{s_2}, a^{t_2}, \cdots\}$ 必收敛, 而其子序列必收敛于同一极限, 即

$$\lim_{n \to \infty} a^{t_n} = \lim_{n \to \infty} a^{s_n}.$$

该引理表明, 我们可以通过有理数次幂的序列之极限来定义相应的实数次幂.

**定义 3.7**　对 $a > 0, x \in \mathbb{R}$, 任给 $\lim\limits_{n \to \infty} s_n = x, \{s_n\} \subset \mathbb{Q}$, 定义 $a^x = \lim\limits_{n \to \infty} a^{s_n}$.

**定理 3.12**　对于 $a, b \in \mathbb{R}^+$, 以及 $x, y \in \mathbb{R}$, 有:

(1) $(ab)^x = a^x \cdot b^x$.

(2) $a^{x+y} = a^x \cdot a^y$, $\quad a^{xy} = (a^x)^y = (a^y)^x$.

(3) 若 $a > 1$, $x > y$, 则 $a^x > a^y$; 若 $0 < a < 1$, $x > y$, 则 $a^x < a^y$.

(4) 若 $a > 1$, $|x - y| < 1$, 则

$$|a^x - a^y| \leqslant a^y(a - 1)|x - y|.$$

**证明**

(1) 取有理数序列 $\lim\limits_{n \to \infty} s_n = x$, 对 $(ab)^{s_n} = a^{s_n} \cdot b^{s_n}$ 两边求极限即得 $(ab)^x = a^x \cdot b^x$.

(2) 取两个有理数序列 $\lim\limits_{n\to\infty} s_n = x$, $\lim\limits_{n\to\infty} t_n = y$, 对 $a^{s_n+t_n} = a^{s_n} \cdot a^{t_n}$ 取极限即得

$$a^{x+y} = a^x \cdot a^y.$$

另一部分的证明留给读者.

(3) 若 $a > 1$, $x > y$, 任取两个有理数 $s, t \in (y, x)$, $s > t$, 以及两个有理数序列 $\lim\limits_{n\to\infty} s_n = x$, $\lim\limits_{n\to\infty} t_n = y$. 当 $n$ 充分大时, 必有

$$t_n < t < s < s_n,$$

于是

$$a^{t_n} < a^t < a^s < a^{s_n}.$$

取极限可知

$$a^y \leqslant a^t < a^s \leqslant a^{x}①.$$

$0 < a < 1$ 类似可证.

(4) 由 $|x - y| < 1$, 可以取到两个有理数序列 $\lim\limits_{n\to\infty} s_n = x$, $\lim\limits_{n\to\infty} t_n = y$, 且 $|s_n - t_n| < 1$, 则由有理数次幂的性质取极限即得.

**定理 3.13** 对于 $a \in \mathbb{R}^+ \setminus \{1\}$, 指数函数 $f(x) = a^x$ 在 $\mathbb{R}$ 上严格单调连续 ($a > 1$ 时严格递增, $0 < a < 1$ 时严格递减), 且值域为 $\mathbb{R}^+$.

**证明** 严格单调性前面已证.

对于连续性, 先考虑 $a > 1$.

$\forall x_0 \in \mathbb{R}, \forall \varepsilon > 0$, 取 $\delta = \dfrac{\varepsilon}{2a^{x_0}(a-1)} > 0, \forall |x - x_0| < \delta$, 有

$$|a^x - a^{x_0}| = a^{x_0}(a-1)|x - x_0| < \varepsilon.$$

另一方面, 对于 $0 < a < 1$ 的情形, 我们有 $f(x) = \left(\dfrac{1}{a}\right)^{-x}$, 由复合函数连续性知其连续.

值域可从以下两个极限证得. 对于 $a > 1$, $\lim\limits_{x\to-\infty} a^x = 0$, $\lim\limits_{x\to+\infty} a^x = +\infty$. 事实

① 注意这里利用了存在两个有理数 $s < t$ 隔开 $x, y$, 否则取极限之后只能得到不严格的不等式.

上, $\forall E > 0$, 取 $\Delta = \dfrac{E}{a-1} + 1$, 当 $x > \Delta$ 时, 有

$$
\begin{aligned}
a^x &\geqslant a^{[x]} \\
&= (1 + (a-1))^{[x]} \\
&> 1 + [x](a-1) \\
&> 1 + \frac{E}{a-1}(a-1) \\
&> E,
\end{aligned}
$$

于是 $\displaystyle\lim_{x \to +\infty} a^x = +\infty$. 而 $\displaystyle\lim_{x \to -\infty} a^x = \dfrac{1}{\displaystyle\lim_{x \to +\infty} a^x} = 0$. 因此, $a > 1$ 时 $f(x) = a^x$ 值域为 $\mathbb{R}^+$.

对于 $0 < a < 1$ 的情形, 再次通过 $f(x) = \left(\dfrac{1}{a}\right)^{-x}$ 可知 $f(x) = a^x$ 值域为 $\mathbb{R}^+$.

由上述定理, 我们可以定义对数函数为指数函数的反函数.

**定理 3.14** 对于 $a \in \mathbb{R}^+ \setminus \{1\}$, $\log_a x$ 在 $\mathbb{R}^+$ 上严格单调且连续 ($a > 1$ 时严格递增, $0 < a < 1$ 时严格递减), 值域为 $\mathbb{R}$, 且满足

$$
\begin{aligned}
\log_a(xy) &= \log_a x + \log_a y, \\
\log_a x^y &= y \log_a x, \\
\log_a x &= \frac{\log_b x}{\log_b a}.
\end{aligned}
$$

**证明** 严格单调连续性及值域均由指数函数的性质推出. 三个等式也分别由幂函数的性质得到.

多项式函数、三角函数、反三角函数、指数函数、对数函数都在各自定义域内连续, 由它们经过有限次四则运算和复合构成的函数称为初等函数. 初等函数在其定义域内连续.

## 3.5　无穷大 (小) 量的阶

如前所述, 若 $\displaystyle\lim_{x \to a} f(x) = 0$, 我们称 $f(x)$ 为 $x \to a$ 时的无穷小量. 对于两个无穷小量 $f(x)$ 和 $g(x)$, 我们讨论它们的商函数 $\dfrac{f(x)}{g(x)}$ 在 $x \to a$ 时的行为, 由此分析二者趋于 0 的快慢.

(1) 若 $\dfrac{f(x)}{g(x)}$ 在 $x \to a$ 时有界, 我们称 $f(x) = O(g(x))$[①]. 实际上这里的 "=" 应理解为 "$\in$".

(2) 若 $\lim\limits_{x \to a} \dfrac{f(x)}{g(x)} = 0$, 我们称 $f(x) = o(g(x))$, $f(x)$ 为 $g(x)$ (在 $x \to a$ 时) 的高阶无穷小量. (若 $\lim\limits_{x \to a} \dfrac{f(x)}{g(x)} = \infty$, 则 $g(x) = o(f(x))$, $f(x)$ 为 $g(x)$ (在 $x \to a$ 时) 的低阶无穷小量.)

(3) 若 $\lim\limits_{x \to a} \dfrac{f(x)}{g(x)} = 1$, 我们称 $f(x) \sim g(x)$, $f(x)$ 为 $g(x)$ (在 $x \to a$ 时) 的等价无穷小量.

注意, 后两种情况都是 $f(x) = O(g(x))$ 的特例, 而且使用上述记号时, 我们要求 $f(x)$ 和 $g(x)$ 本身是 (在 $x \to a$ 时的) 无穷小量. (唯一) 一个例外是 $f(x) = O(1)$ 表示 $f(x)$ 有界, 而 $f(x) = o(1)$ 表示 $f(x)$ 是 (在 $x \to a$ 时的) 无穷小量.

引入上述概念和记号, 一方面是为了对无穷小量进行比较, 特别是跟 $x^n (n > 0)$ 这样的熟悉的无穷小量进行比较, 以便理解其他形式的无穷小量的大小. 另一方面, 由于上述定义其实是关于极限的一种刻画, 对于今后证明极限问题有很大的便利, 可以通过这种表述方便地进行本质上是极限的运算.

$O(f(x))$ 和 $o(f(x))$ 可以形象地理解为盛放无穷小量的筐. 所有的无穷小量都装在 $o(1)$ 这个筐里, 而若 $m > n > 0$, 那么 $O(x^m)$ 就比 $O(x^n)$ 这个筐更小. 于是, 我们有运算法则

$$O(x^m) + O(x^n) = O(x^n).$$

其含义是若 $f(x) = O(x^m), g(x) = O(x^n)$, 则 $f(x) + g(x) = O(x^n)$. 而证明是平凡的: $f(x) = O(x^m)$ 表示 $x \to 0$ 时 $\dfrac{f(x)}{x^m}$ 有界, $g(x) = O(x^n)$ 表示 $\dfrac{g(x)}{x^n}$ 有界, 那么, 由于 $m > n > 0$,

$$\frac{f(x) + g(x)}{x^n} = \frac{f(x)}{x^n} \cdot x^{m-n} + \frac{g(x)}{x^n}$$

有界.

当然, 可以有更一般的运算法则, 若 $f(x) = o(g(x))$, 那么

$$O(f(x)) + O(g(x)) = O(g(x)).$$

我们还可以写出很多这样的法则来, 如: 若 $f(x) = o(g(x)), h(x) \sim g(x)$, 且 $k(x)$

---

[①]表明 $f(x)$ 趋于 0 的速度至少跟 $g(x)$ 相仿, 当然可能更快.

与 $-g(x)$ 不是等价无穷小量, 则有

$$O(f(x)) \cdot o(1) = o(f(x)),$$
$$O(f(x)) \cdot O(g(x)) = O(f(x)g(x)),$$
$$o(f(x)) = o(g(x)),$$
$$k(x) + h(x) \sim k(x) + g(x),$$
$$f(x) + g(x) \sim g(x).$$

在上面第三个式子中很明显 "=" 不是有对称性的等号, 而要理解成单向关系的 "∈".

我们之前证明过极限

$$\lim_{x \to 0} \frac{\sin x}{x} = 1,$$

这表明 $\sin x \sim x$ 和 $\sin x = O(x)$. 那么, 由复合函数的极限, 我们立刻得到 $(m > 0)$

$$\sin x^m \sim x^m, \quad \sin x^m \sim \sin^m(x), \quad \sin x^m = O(x^m).$$

进一步地, 有

$$\sin x - \tan x = \frac{\sin x}{\cos x} \cdot (\cos x - 1)$$
$$= -2 \frac{\sin x}{\cos x} \cdot \sin^2 \left( \frac{x}{2} \right)$$
$$\sim -\frac{x^3}{2}.$$

再如, 考虑 $x \to a$ 时,

$$\sin x - \sin a = 2 \sin \frac{x - a}{2} \cos \frac{x + a}{2}$$
$$\sim (x - a) \cos a.$$

上述对于无穷小量的讨论可以类似地推及无穷大量. 若 $\lim\limits_{x \to a} f(x) = \infty$, 我们称 $f(x)$ 为 $x \to a$ 时的无穷大量. 对于两个无穷大量 $f(x)$ 和 $g(x)$, 我们讨论它们的商函数 $\dfrac{f(x)}{g(x)}$.

(1) 若 $\dfrac{f(x)}{g(x)}$ 在 $x \to a$ 时有界, 我们称 $f(x) = O(g(x))$.

(2) 若 $\lim\limits_{x \to a} \dfrac{f(x)}{g(x)} = 0$, 我们称 $f(x) = o(g(x))$, $f(x)$ 为 $g(x)$ (在 $x \to a$ 时) 的低阶无穷大量. (若 $\lim\limits_{x \to a} \dfrac{f(x)}{g(x)} = \infty$, 则 $g(x) = o(f(x))$, $f(x)$ 为 $g(x)$ (在 $x \to a$ 时) 的高阶无穷大量.)

(3) 若 $\lim\limits_{x \to a} \dfrac{f(x)}{g(x)} = 1$, 我们称 $f(x) \sim g(x)$, $f(x)$ 为 $g(x)$ (在 $x \to a$ 时) 的等价无穷大量.

例如, 考虑 $x \to \infty$ 时, $x = o(x^2)$, 而 $x^2 + x = O(x^2)$, 事实上 $x^2 + x \sim x^2$.

对于无穷大量的 $O, o$, 我们也同样可以做一些 "运算", 其实也还是集合的包含关系:

$$o(f(x)) = O(f(x)),$$
$$O(f(x)) + O(f(x)) = O(f(x)),$$
$$o(1)O(f(x)) = o(f(x)).$$

$x^\mu (\mu \geqslant 0)$ 给出了无穷大量的阶的一个衡量标准. 但是, 还有比所有这样的幂函数更快趋于无穷的函数. 例如, $a > 1, x \to +\infty$ 时的指数函数 $a^x$. 事实上, 我们用二项式展开不难证明, 对于序列极限有

$$\lim\limits_{n \to \infty} \frac{n^\mu}{a^n} = 0.$$

于是, 我们可以通过不等式关系

$$0 \leqslant \frac{x^\mu}{a^x} \leqslant \frac{([x]+1)^\mu}{a^{[x]}} = \frac{([x]+1)^\mu}{a^{[x]+1}} \cdot a,$$

以及夹挤原理得到

$$\lim\limits_{x \to +\infty} \frac{x^\mu}{a^x} = 0.$$

于是, 我们有一个比幂函数更大的一个无穷大量的衡量标准, 即 $a^x \ (a > 1)$. 若 $b > a > 1$, 则 $a^x = o(b^x)$. 当然, 还有更快的, 譬如 $a^{a^x}$.

另一方面, 也有比任何幂函数 $(\mu > 0)$ 趋于无穷都慢的, 譬如 $\ln x$. 运用复合函数 $y = \ln x$, 我们看到 $y \to +\infty$, 而 $x^\mu = \mathrm{e}^{\mu y} = (\mathrm{e}^\mu)^y$.

引入无穷大量和无穷小量的阶, 今后可用来估计 "余项", 这在我们讲到泰勒公式时会介绍. 使用 $O, o$, 以及等价一定要清楚是无穷大量还是无穷小量.

## 3.6　几个重要极限

有几个重要极限是我们今后常常用到的, 需要记住. 做题时, 一般可以不加证明地使用.

(1) $\lim\limits_{x \to 0} \dfrac{\sin x}{x} = 1$;

(2) $\lim\limits_{x \to \infty} \left(1 + \dfrac{1}{x}\right)^x = \mathrm{e}$;

(3) $\lim\limits_{x \to 0} (1 + x)^{\frac{1}{x}} = e$;

(4) $\lim\limits_{x \to 0} \dfrac{\ln(1 + x)}{x} = 1$;

(5) $\lim\limits_{x \to 0} \dfrac{e^x - 1}{x} = 1$;

(6) $\lim\limits_{x \to 0} \dfrac{(1 + x)^\mu - 1}{x} = \mu$.

**证明**   对于第二个式子, 我们先证明它在 $x \to +\infty$ 时成立.

事实上, 我们知道

$$\left(1 + \frac{1}{[x] + 1}\right)^{[x]} \leqslant \left(1 + \frac{1}{x}\right)^x \leqslant \left(1 + \frac{1}{[x]}\right)^{[x] + 1},$$

以及序列极限

$$\lim_{n \to \infty} \left(1 + \frac{1}{1 + n}\right)^n = \lim_{n \to \infty} \left(1 + \frac{1}{1 + n}\right)^{n+1} \cdot \lim_{n \to \infty} \left(1 + \frac{1}{1 + n}\right)^{-1} = e,$$

$$\lim_{n \to \infty} \left(1 + \frac{1}{n}\right)^{n+1} = \lim_{n \to \infty} \left(1 + \frac{1}{n}\right)^n \cdot \lim_{n \to \infty} \left(1 + \frac{1}{n}\right) = e,$$

于是由夹挤定理得证.

另一方面, 对于 $x \to -\infty$, 我们通过变量替换 $y = -x$ 可以计算

$$\begin{aligned}
\lim_{x \to -\infty} \left(1 - \frac{1}{-x}\right)^x &= \lim_{y \to +\infty} \left(\frac{y - 1}{y}\right)^{-y} \\
&= \lim_{y \to +\infty} \left(\frac{y}{y - 1}\right)^y \\
&= \lim_{y \to +\infty} \left(1 + \frac{1}{y - 1}\right)^y \\
&= e.
\end{aligned}$$

对于第三个式子, 我们只要将第二个式子中的 $x$ 用 $\dfrac{1}{x}$ 替换即可.

由于对数函数是严格单调且连续的, 我们对第三个式子求对数可得第四个式子.

在第四个式子中用 $e^x - 1$ 替换 $x$ (注意到 $x \to 0$ 时 $e^x - 1 \to 0$) 就可以得到第五个式子.

最后一个式子的证明如下:

$$\begin{aligned}
\lim_{x \to 0} \frac{(1 + x)^\mu - 1}{x} &= \lim_{x \to 0} \frac{e^{\mu \ln(1 + x)} - 1}{x} \\
&= \lim_{x \to 0} \frac{e^{\mu \ln(1 + x)} - 1}{\mu \ln(1 + x)} \cdot \lim_{x \to 0} \frac{\mu \ln(1 + x)}{x} \\
&= \mu.
\end{aligned}$$

## 习　题

1. 用 $\varepsilon$-$\delta$ 定义证明下列函数在其定义域上连续:

(1) $f(x) = x^3$;

(2) $f(x) = \dfrac{\sin\dfrac{1}{x}}{x}$.

2. 写出下列函数连续的 (最大) 范围, 简单说明理由:

(1) $f(x) = [x]$;

(2) $f(x) = \tan(2x + 3)$;

(3) $f(x) = \begin{cases} \dfrac{1}{p} + \dfrac{1}{q}, & x = \dfrac{p}{q} \in \mathbb{Q}, (p, q) = 1, \\ 0, & x \notin \mathbb{Q}. \end{cases}$

3. 判断下述命题是否正确. 若是, 证明之; 若否, 举出反例.

(1) 若 $f(x)$ 在某点 $a$ 连续, 则 $f^2(x)$ 在该点连续;

(2) 若 $f^2(x)$ 在某点 $a$ 连续, 则 $f(x)$ 在该点连续;

(3) 若 $f(x), g(x)$ 在某点 $a$ 都不连续, 则 $f(x) + g(x), f(x) \cdot g(x)$ 在该点不连续;

(4) 若 $\lim\limits_{x \to a} f(x) = b \neq f(a)$, $g(x)$ 在 $f(a), b$ 皆连续, 则 $g(f(x))$ 在 $a$ 点连续.

4. 若 $f(x) \in C[0,1]$, 且在所有有尽小数的点处取值均为 0, 试证明 $f(x) \equiv 0$.

5. 下列函数在其不连续点处 (或者无定义点处) 为哪类间断? 如果是可去间断点, 请给出重新定义值使之连续.

(1) $f(x) = \dfrac{1 + x}{1 - x}$;

(2) $f(x) = (x^2 - 1) \sin \dfrac{1}{x + 1}$;

(3) $f(x) = \begin{cases} [x] \cdot \left[\dfrac{1}{x}\right], & x \neq 0, \\ 0, & x = 0; \end{cases}$

(4) $f(x) = \dfrac{\cos x}{|x|}$.

6. 讨论下列函数一致连续性. 若是, 用 $\varepsilon$-$\delta$ 定义证明; 若不是, 证否.

(1) $f(x) = \sqrt{x}$ 在 $[0, 1]$ 上;

(2) $f(x) = \sin 2x$ 在 $\mathbb{R}$ 上;

(3) $f(x) = x^2$ 在 $[0, +\infty)$ 上;

(4) $f(x) \in C(a, b)$, 且 $f(a^+), f(b^-)$ 存在.

7. $f(x), g(x)$ 一致连续, 函数 $f(x) + g(x), f(x) \cdot g(x)$ 是否一定一致连续? 若是, 用 $\varepsilon$-$\delta$ 定义证明; 若不是, 举出反例.

8. 若 $f(x) \in C(0,1)$, 且 $\forall a \in (0,1), \exists U(a) \subset (0,1), f(x)$ 在 $U(a)$ 上单调递增, 试证明 $f(x)$ 在 $(0,1)$ 上单调递增. 如果去掉了连续性条件, 结论是否仍然成立?

9. 试证明对于多项式 $P_n(x) = a_n x^n + \cdots + a_1 x + a_0$, 若 $a_n \cdot a_0 < 0$, 则它在正半轴至少有一个根.

10. 当 $x \to 0^+$ 时, 证明:

    (1) 若 $m > n > 0$, 则 $O(x^m) + O(x^n) = O(x^n)$;

    (2) 若 $m, n > 0$, 则 $O(x^m)O(x^n) = O(x^{m+n})$;

    (3) 若 $m, n > 0, y = O(x^m), z = O(y^n)$, 则 $z = O(x^{mn})$;

    (4) 若 $y \sim x, z \sim x$, 则 $y - z = o(x)$.

11. 当 $x \to +\infty$ 时, 证明:

    (1) 若 $m > n > 0$, 则 $O(x^m) + O(x^n) = O(x^m)$;

    (2) 若 $m, n > 0$, 则 $O(x^m)O(x^n) = O(x^{m+n})$;

    (3) 若 $m, n > 0, y = O(x^m), z = O(y^n)$, 则 $z = O(x^{mn})$;

    (4) 若 $y \sim x, z \sim x$, 则 $y - z = o(x)$.

12. 当 $x \to 0^+$ 时, 我们称 $f(x)$ 为 $n$ 阶无穷小量, 若 $n$ 是最小能够使 $f(x) = O(x^n)$ 成立的 (正) 实数, 并称使 $f(x) - Ax^n = o(x^n)$ 成立的 $Ax^n$ 为其主要部分. 试给出下列各式的阶和主要部分:

    (1) $x^3 + 2x^4$;

    (2) $\sin x \cdot \tan 2x$;

    (3) $\sqrt{1+x} - \sqrt{1-x}$.

13. 试以类似上题方式给出 $x \to +\infty$ 时无穷大量的阶和主要部分的定义, 并求出下列各式的阶和主要部分:

    (1) $x^3 + 2x^4$;

    (2) $\sqrt{1+x} + \sqrt{x-1}$;

    (3) $x^2 \sin \dfrac{1}{x}$.

14. 求下列极限:

    (1) $\lim\limits_{x \to \frac{\pi}{2}} \sin x^{\tan x}$;

    (2) $\lim\limits_{x \to 0} \dfrac{e^x - (1+x)}{x^2}$;

    (3) $\lim\limits_{x \to +\infty} x(2\ln(x+1) - \ln(x^2+1))$;

    (4) $\lim\limits_{x \to 0} \dfrac{a^x - 1}{x}$, 其中 $a > 0$;

    (5) $\lim\limits_{n \to \infty} \left(1 + \dfrac{1}{n^2}\right)\left(1 + \dfrac{2}{n^2}\right)\cdots\left(1 + \dfrac{n}{n^2}\right)$.

15. 函数 $f(x)$ 满足

$$\lim_{x \to 0} f(x) = 0, \quad \lim_{x \to 0} \frac{f(x) - f\left(\dfrac{x}{2}\right)}{x} = 0.$$

　　　证明

$$\lim_{x \to 0} \frac{f(x)}{x} = 0.$$

16. 函数 $f(x)$ 在 $[0, +\infty)$ 定义且一致连续. 已知对任何 $x \geqslant 0$, $\lim\limits_{n \to \infty} f(x+n) = 0$, 求证: $\lim\limits_{x \to +\infty} f(x) = 0$.

# 第四章 导 数

导数 (derivative) 是微积分中最重要的基本概念之一. 可以说, 导数和 (定) 积分构成了作为计算工具的微积分的主体. 而一元函数的导数, 还是多元函数导数理论和计算的基础, 其重要性不言自明.

## 4.1 导数与微分

导数在几何上的含义, 就是曲线在某点处的切线斜率, 相应的物理含义 —— 当曲线用来描述某个物理量随时间或空间 (或某个其他物理量) 的变化时 —— 就是相应的变化率.

导数的核心想法, 可以从 "天圆地方" 说起. 古人没有完整的地球的概念, 没有卫星图像, 在航海技术还不够发达的年代, 对于地球的认识往往局限于 "一隅之见". 的确, 即使站到泰山之巅, 我们也只能看到一小片地方, 而且基本是平的. 但按照今天的知识, 地球基本上是一个球体, 我们看到的地面近似地是球面的一部分. 这样的一小部分, 的确可以用平面来做近似. 以一维来看, 假如我们看到 100 km 开外, 这大致就是 1/64 弧度, 与一条直线相比, 其差别大致为

$$\frac{1}{\cos\alpha} - 1 = \frac{2\sin^2\frac{\alpha}{2}}{\cos\alpha} \approx \frac{\alpha^2}{2} = \frac{1}{2 \times 64^2} < 0.013\%.$$

可见, "地方" 的确是一个很好的近似.

于是, 我们从极限的视角出发定义导数.

**定义 4.1** 如果极限

$$\lim_{\Delta x \to 0} \frac{f(x_0 + \Delta x) - f(x_0)}{\Delta x} = \lim_{x \to x_0} \frac{f(x) - f(x_0)}{x - x_0}$$

存在, 我们称之为函数 $f(x)$ 在点 $x_0$ 处的导数, 记为 $f'(x_0)$ 或 $\dfrac{\mathrm{d}f(x_0)}{\mathrm{d}x}$.

后一种记号的含义在讨论微分时还会说及[①].

因极限是一个 "局部" 的 "过程", 导数也是一个 "局部" 的 "过程". 说 "局部", 是因为导数是否存在、有多大, 完全由函数在 $x_0$ 附近一个任意小邻域里的值

---

[①] 导数还有一些其他记号, 例如当自变量为 $t$ 表示时间时, 有时会以 $\dot{f}(t)$ 来记.

就能确定. 说 " 过程", 是说它需要用到一个 $\Delta x \to 0$ 的变化来定义出来和求出来. 对函数的研究, 采用这种 (每一点处) 局部性质来加以讨论, 就是 " 分析". 这是与 " 整体论" 的视角不同的. 有意思的是, 通过进行后面将要学到的积分, 这样的局部刻画其实确定了整体的函数. 而对局部做细致研究得到关系, 用于讨论整体系统的这种思维方式, 也贯穿在整个近代到现代科学之中.

利用上一章的极限, 我们可以得到最基本的几个导数公式.

**例 4.1** $(\sin x)'|_{x=a} = \cos a$.

**证明** 事实上, 容易看到

$$\lim_{x \to a} \frac{\sin x - \sin a}{x - a} = \lim_{x \to a} \frac{2 \sin \dfrac{x-a}{2} \cos \dfrac{x+a}{2}}{x - a} = \cos a.$$

**例 4.2** 对于幂函数 $f(x) = x^\mu$, $f'(x_0) = \mu x_0^{\mu-1}(x > 0, \mu \in \mathbb{R})$[①].

**证明**

$$\begin{aligned}
f'(x_0) &= \lim_{\Delta x \to 0} \frac{(x_0 + \Delta x)^\mu - x_0^\mu}{\Delta x} \\
&= \lim_{\Delta x \to 0} x_0^\mu \frac{\left(1 + \dfrac{\Delta x}{x_0}\right)^\mu - 1}{\Delta x} \\
&= \lim_{\Delta x \to 0} x_0^\mu \frac{\mu \dfrac{\Delta x}{x_0}}{\Delta x} \\
&= \mu x_0^{\mu-1}.
\end{aligned}$$

**例 4.3** $(\mathrm{e}^x)'|_{x=x_0} = \mathrm{e}^{x_0}$.

**证明** 对 $f(x) = \mathrm{e}^x$, 有

$$\begin{aligned}
f'(x_0) &= \lim_{h \to 0} \frac{\mathrm{e}^{x_0+h} - \mathrm{e}^{x_0}}{h} \\
&= \lim_{h \to 0} \mathrm{e}^{x_0} \frac{\mathrm{e}^h - 1}{h} \\
&= \mathrm{e}^{x_0}.
\end{aligned}$$

研究函数的另一个概念是微分, 这是莱布尼茨的想法, 其出发点是对曲线的局部线性化近似.

---

① 当 $\mu \in \mathbb{N}$ 时, $x \in \mathbb{R}$ 都是对的; 若 $\mu$ 为负整数, 则要排除掉 $x_0 = 0$.

**定义 4.2** 如果函数 $f(x)$ 在 $x_0$ 附近有定义, 且有 $f(x_0+h) = f(x_0)+Ah+o(h)$ 成立, 则称 $f(x)$ 在 $x_0$ 可微, 称 $\mathrm{d}f = A \cdot \mathrm{d}x$ 为 $f(x)$ 在 $x_0$ 点的微分, 称 $A = \dfrac{\mathrm{d}f}{\mathrm{d}x}$ 为 $f(x)$ 在 $x_0$ 点的微商.

**定理 4.1** 函数 $f(x)$ 在 $x_0$ 处可导, 则必在该点连续.

事实上,

$$\lim_{\Delta x \to 0} f(x_0 + \Delta x) - f(x_0)$$
$$= \lim_{\Delta x \to 0} \frac{f(x_0 + \Delta x) - f(x_0)}{\Delta x} \cdot \lim_{\Delta x \to 0} \Delta x$$
$$= 0.$$

由此可见, 连续是一个比可导弱的性质.

进一步地, 函数 $f(x)$ 在 $x_0$ 处可导, 则必在该点可微. 事实上, 由

$$\lim_{h \to 0} \frac{f(x_0 + h) - f(x_0) - f'(x_0)h}{h} = \lim_{h \to 0} \frac{f(x_0 + h) - f(x_0)}{h} - f'(x_0) = 0$$

知

$$f(x_0 + h) = f(x_0) + f'(x_0)h + o(h).$$

而且我们看到 $A = \dfrac{\mathrm{d}f}{\mathrm{d}x} = f'(x_0)$, 导数即微商.

反过来, 函数 $f(x)$ 在 $x_0$ 处可微, 计算可得

$$\lim_{h \to 0} \frac{f(x_0 + h) - f(x_0)}{h} = \lim_{h \to 0} \frac{Ah + o(h)}{h} = A,$$

故必可导.

**定理 4.2** 一元函数 $f(x)$ 在 $x_0$ 处可导与可微等价, 且导数等于微商.

作为极限, 我们还可以定义差商的左极限和右极限, 这在导数就成为左导数和右导数. 左右导数都存在且相等, 就等价于可导.

**例 4.4** 讨论 $f(x) = |x|$ 在 $x_0 = 0$ 处的导数.

**解** 不难算出, 左右导数分别为 $f'(0^-) = -1$, $f'(0^+) = 1$[①], 因此 $f(x)$ 在 $x_0$ 处不可导.

当我们有了 $f(x)$ 在一点处导数的定义后, 如果把 $f(x)$ 在一个集合内所有点的导数都求出来, 就可以定义一个该集合上的函数, 称为导函数, 记为 $f'(x)$. 再抽

---

①也有人记左右导数为 $f'_-(0), f'_+(0)$.

象一点说, 如果可导性不成问题, 我们就看到给定一个函数 $f(x)$, 就可以找到对应的一个函数 $f'(x)$, 这就是说, 形成了一个函数到函数的映射. 这个映射就称为微分"算子".

上面的绝对值函数是连续函数, 但在一点处不可导. 事实上, 也有只在一点处可导, 除该点外处处不连续的函数, 例如 $f(x) = x^2 D(x)$, 其中 $D(x)$ 是我们前面讲到的狄利克雷函数.

事实上, 还有点点连续且点点不可导的函数. 例如, 对 $(0,1)$ 上任何二进制表示的数 $x = 0.s_1 \cdots s_n \cdots$, 定义函数

$$K_0(x) = \begin{cases} x, & s_1 = 0, \\ 1 - x, & s_1 = 1. \end{cases}$$

我们记 $\{x\} = x - [x]$ 为 $x$ 的小数部分, 并定义

$$K_n(x) = 10^{-n} K_0(\{10^n x\}),$$

以及

$$K(x) = \sum_{n=0}^{\infty} K_n(x) \equiv \lim_{N \to \infty} \sum_{n=0}^{N} K_n(x).$$

首先, 对于任意 $x$, 上述方式定义的函数值 (无穷求和) 是有限的, 这可以通过单调有界收敛原理证明 ($0 \leqslant K_n(x) \leqslant 10^{-n}$).

其次, 函数 $K(x)$ 是连续的. 从 $K_0(x)$ 的连续性可以推出 $K_n(x)$ 的连续性, 而 $\forall \varepsilon > 0$, $N = -2[\lg \varepsilon] + 1$, 则

$$\sum_{n=N}^{\infty} K_n(x) < \frac{\varepsilon}{10},$$

而 $\sum\limits_{n=0}^{N-1} K_n(x)$ 为连续函数, 故 $\exists \delta > 0$, 当 $|y - x| < \delta$,

$$\left| \sum_{n=0}^{N-1} K_n(x) - \sum_{n=0}^{N-1} K_n(y) \right| < \frac{\varepsilon}{2},$$

因此

$$\begin{aligned} |K(x) - K(y)| &\leqslant \left| \sum_{n=N}^{\infty} K_n(x) - \sum_{n=N}^{\infty} K_n(y) + \sum_{n=0}^{N-1} (K_n(x) - K_n(y)) \right| \\ &< \frac{\varepsilon}{10} + \frac{\varepsilon}{10} + \frac{\varepsilon}{2} \\ &< \varepsilon. \end{aligned}$$

但是, 我们注意到

$$K_n'(x) = \begin{cases} 1, & s_n = 0, \\ -1, & s_n = 1, \end{cases}$$

因此,

$$\frac{K(x+h) - K(x)}{h} = \sum_{n=0}^{\infty} \frac{K_n(x+h) - K_n(x)}{h}$$

的大小依赖于二进制表示中 0 与 1 的个数的多少. 特别地, 我们总可以取充分小的 $h$, 而 $x+h$ 中从某一项开始均为 0. 也可以取另一个充分小的 $g$, 而 $x+g$ 中从某一项开始均为 0. 这两个序列上述值分别为 $+\infty$ 和 $-\infty$, 从而 $K'(x)$ 处处不存在.

## 4.2　导数的运算法则

在上一节, 我们通过函数 $f(x)$ 在点 $x_0$ 处的导数, 在 $x_0$ 变化起来时定义了导函数, 记为 $f'(x)$. 我们看到, 函数决定了其导函数. 由此想到, 如果能够找到函数和导函数之间的关系 (不通过对点点求导数得到), 那么, 就可以直接从导函数在点 $x_0$ 处的值得到该点处的导数值. 因此, 我们就需要找到这种函数对应关系, 这就是导数的运算法则. 有了运算法则, 加上之前几个最基本的导函数

$$(\sin x)' = \cos x, \quad (x^\mu)' = \mu x^{\mu-1}, \quad (\mathrm{e}^x)' = \mathrm{e}^x,$$

就可以得到所有初等函数的导函数.

由于这种思路下的运算给出了通常的导数计算方法, 我们往往不加区别地简称导函数为导数.

现在, 我们讨论微分和求导的运算性质.

**定理 4.3 (导数的四则运算)**　若函数 $f(x)$ 和 $g(x)$ 在 $x_0$ 处可导, $\lambda, \mu \in \mathbb{R}$, 则

$$(f+g)'(x_0) = f'(x_0) + g'(x_0),$$
$$(f-g)'(x_0) = f'(x_0) - g'(x_0),$$
$$(f \cdot g)'(x_0) = f'(x_0)g(x_0) + f(x_0)g'(x_0),$$
$$\left(\frac{f}{g}\right)'(x_0) = \frac{f'(x_0)g(x_0) - f(x_0)g'(x_0)}{(g(x_0))^2} \quad (g(x_0) \neq 0).$$

上述规则可以理解为 "戴帽子": 加减法是帽子分别戴, 乘法是帽子轮流带 (对称性, 每次只能一项), 除法是轮流戴, 但是分子分母不对称, 而且要除以分母平方.

由于导数就是一种特殊的极限, 因此可以通过极限运算来证明上述定理. 这里我们仅以乘法为例来说明.

$$(f \cdot g)'(x_0)$$
$$= \lim_{h \to 0} \frac{f(x_0 + h)g(x_0 + h) - f(x_0)g(x_0)}{h}$$
$$= \lim_{h \to 0} \frac{(f(x_0 + h) - f(x_0))g(x_0 + h) + f(x_0)(g(x_0 + h) - g(x_0))}{h}$$
$$= \lim_{h \to 0} \frac{f(x_0 + h) - f(x_0)}{h} \lim_{h \to 0} g(x_0 + h) + f(x_0) \lim_{h \to 0} \frac{g(x_0 + h) - g(x_0)}{h}$$
$$= f'(x_0)g(x_0) + f(x_0)g'(x_0).$$

利用无穷小量的阶 $(O, o)$ 的概念, 我们再给出四则运算的另一种证明.

如前所述, 可微的含义是函数在局部做线性近似, 也就是说:

$$f(x) = f(x_0) + f'(x_0)(x - x_0) + o(x - x_0),$$
$$g(x) = g(x_0) + g'(x_0)(x - x_0) + o(x - x_0),$$

我们直接计算可得

$$\lambda f(x) + \mu g(x) = (\lambda f(x_0) + \mu g(x_0)) + (\lambda f'(x_0) + \mu g'(x_0))(x - x_0) + o(x - x_0).$$

分别取 $\lambda = \mu = 1$ 和 $\lambda = -\mu = 1$, 并注意到线性项的系数给出了导数, 就得到加减法的结论.

值得特别指出的是: 上述证明对于线性函数显然是成立的, 而通过 $o(x - x_0)$ 就得到严格化的证明. 如前所述, 在 $o(x - x_0)$ 的运算背后是极限的运算, 而 $o(x - x_0)$ 使我们的表达更为简便. 有兴趣的读者可以把这段用到 $o(x - x_0)$ 的证明改写成极限语言的证明, 就会看到这点. 而且, 事实上这个证明与直接用导数定义的极限运算证明是完全一致的.

同样, 有

$$f(x)g(x) = f(x_0)g(x_0) + (f'(x_0)g(x_0) + f(x_0)g'(x_0))(x - x_0) + o(x - x_0).$$

这里我们用到了

$$f'(x_0)g'(x_0)(x - x_0)^2 = o(x - x_0).$$

除法也可以类似得到:

$$
\begin{aligned}
\frac{f(x)}{g(x)} &= \frac{f(x_0) + f'(x_0)(x - x_0) + o(x - x_0)}{g(x_0) + g'(x_0)(x - x_0) + o(x - x_0)} \\
&= \frac{f(x_0) + f'(x_0)(x - x_0) + o(x - x_0)}{g(x_0)\left[1 + \dfrac{g'(x_0)}{g(x_0)}(x - x_0) + o(x - x_0)\right]} \\
&= \frac{1}{g(x_0)}[f(x_0) + f'(x_0)(x - x_0) + o(x - x_0)]\left[1 - \frac{g'(x_0)}{g(x_0)}(x - x_0) + o(x - x_0)\right] \\
&= \frac{1}{g(x_0)}\left[f(x_0) + f'(x_0)(x - x_0) - f(x_0)\frac{g'(x_0)}{g(x_0)}(x - x_0)\right] + o(x - x_0) \\
&= \frac{f(x_0)}{g(x_0)} + \frac{f'(x_0)g(x_0) - f(x_0)g'(x_0)}{(g(x_0))^2}(x - x_0) + o(x - x_0).
\end{aligned}
$$

由于导函数是逐点定义的, 一点处的微分计算性质就带来导函数, 或者说微分算子的性质. 因此, 如果 $f(x), g(x)$ 在某个区间 (集合) 上可导, 那么上述定理在这个区间上成立 (于是可以把定理中的 $x_0$ 换成 $x$).

其中加减法运算可以利用乘法运算法则归结为以下的 "线性性":

$$
(\lambda f + \mu g)'(x) = \lambda f'(x) + \mu g'(x).
$$

由于可微与可导是一致的, 上述运算法则也可以用微分的方式写出来. 事实上, 前面 $o(x - x_0)$ 的证明更为直接地给出了下述微分的四则运算法则[①].

**定理 4.4 (微分的四则运算)**  若函数 $f(x)$ 和 $g(x)$ 在 $x_0$ 处可微, $\lambda, \mu \in \mathbb{R}$, 则

$$
\begin{aligned}
\mathrm{d}(f + g) &= \mathrm{d}f + \mathrm{d}g, \\
\mathrm{d}(f - g) &= \mathrm{d}f - \mathrm{d}g, \\
\mathrm{d}(f \cdot g) &= \mathrm{d}f \cdot g + f \cdot \mathrm{d}g, \\
\mathrm{d}\left(\frac{f}{g}\right) &= \frac{g \cdot \mathrm{d}f - f \cdot \mathrm{d}g}{g^2} \quad (g \neq 0),
\end{aligned}
$$

以及

$$
\mathrm{d}(\lambda f + \mu g) = \lambda \mathrm{d}f + \mu \mathrm{d}g.
$$

于是, 如果知道 $f(x)$ 和 $g(x)$ 的导函数, 我们也就知道了它们四则运算之后的导函数, 而它们通过四则运算得到的新的函数在一点处的导数值, 也就可以通过导函数在该点处的取值得到. 这样, 我们就回避了导数定义中需在每点求相应的差商的极限的过程, 直接找出导函数即可.

---

[①]从微分定义看出, 只要 $\Delta f \equiv f(x + \Delta x) - f(x) = A\Delta x + o(\Delta x)$, 我们就可以扔掉小 $o$ 余量, 把 $\Delta$ 改为 $\mathrm{d}$.

但需要注意的是, 对于不是初等函数 (一般是分段定义的函数) 的问题, 有时候在分段点上的导数需要用定义求, 而不能简单求导函数的极限. 例如, 考虑

$$f(x) = \begin{cases} x^2 \sin \dfrac{1}{x^2}, & x \neq 0, \\ 0, & x = 0. \end{cases}$$

用定义容易得到, 它在 0 处的导数为 $f'(0) = 0$, 但是导函数为 (用到我们后面学的复合函数求导)

$$f'(x) = 2x \sin \frac{1}{x^2} - \frac{2}{x} \cos \frac{1}{x^2}, \quad x \neq 0.$$

该导函数在 0 点不收敛.

**例 4.5** 求 $f(x) = \mathrm{e}^x \sin x$ 在点 $x_0 = \pi$ 处的导数.

**解**

$$\begin{aligned} f'(x) &= (\mathrm{e}^x \sin x)' \\ &= (\mathrm{e}^x)' \sin x + \mathrm{e}^x (\sin x)' \\ &= \mathrm{e}^x \sin x + \mathrm{e}^x \cos x \end{aligned}$$

因此

$$f'(\pi) = -\mathrm{e}^\pi.$$

对于导数运算来说, 非常重要甚至最重要的运算法则是关于复合函数求导的.

**定理 4.5** 若函数 $f(x)$ 在点 $x_0$ 处可导, $g(y)$ 在点 $y_0 = f(x_0)$ 处可导, 则复合函数 $z(x) = g(f(x))$ 在点 $x_0$ 处可导, 且

$$z'(x_0) = g'(y_0) f'(x_0)^{①},$$

也可以写成

$$\left. \frac{\mathrm{d}z}{\mathrm{d}x} \right|_{x=x_0} = \left. \frac{\mathrm{d}z}{\mathrm{d}y} \right|_{y=y_0} \cdot \left. \frac{\mathrm{d}y}{\mathrm{d}x} \right|_{x=x_0}.$$

**证明** 如图 4.1 所示, 由已知得

$$g(y) = g(y_0) + g'(y_0)(y - y_0) + o(y - y_0),$$
$$f(x) = y_0 + f'(x_0)(x - x_0) + o(x - x_0),$$

---

① 值得强调的是, 用 $'$ 表示求导的时候, 一般都是指对着它最近的括号内的变量求导.

于是有

$$g(f(x))$$
$$= g(y_0) + g'(y_0)(f(x) - y_0) + o(f(x) - y_0)$$
$$= g(y_0) + g'(y_0)(f'(x_0) \cdot (x - x_0) + o(x - x_0)) + o(f'(x) \cdot (x - x_0) + o(x - x_0))$$
$$= g(y_0) + g'(y_0)f'(x_0)(x - x_0) + o(x - x_0).$$

这里再一次用到了 $o$ 的性质.

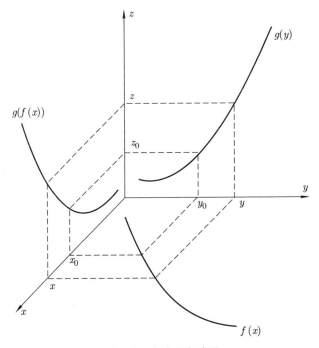

**图 4.1　复合函数求导**

例 **4.6**　求 $(\cos x)'$.

**解**　令 $f(x) = \dfrac{\pi}{2} - x$, $g(y) = \sin y$, 复合得到函数

$$g(f(x)) = \sin\left(\frac{\pi}{2} - x\right) = \cos x.$$

根据复合函数求导法则, 有

$$(\cos x)' = (\sin y)' \cdot \left(\frac{\pi}{2} - x\right)'$$
$$= -\cos y$$

$$= -\cos\left(\frac{\pi}{2} - x\right)$$
$$= -\sin x.$$

由除法法则, 我们有

$$(\tan x)' = \left(\frac{\sin x}{\cos x}\right)'$$
$$= \frac{\cos x (\sin x)' - \sin x (\cos x)'}{\cos^2 x}$$
$$= \frac{\cos x \cos x - \sin x (-\sin x)}{\cos^2 x}$$
$$= \sec^2 x$$
$$= 1 + \tan^2 x.$$

在此基础上, 再用复合函数求导法则, 我们有

$$(\cot x)' = \tan\left(\frac{\pi}{2} - x\right)'$$
$$= \sec^2\left(\frac{\pi}{2} - x\right)\left(\frac{\pi}{2} - x\right)'$$
$$= -\csc^2 x$$
$$= -(1 + \cot^2 x).$$

复合函数求导法则, 可以看作是 $z$ 随 $x$ 变化的倍数, 等于 $z$ 随 $y$ 变化的倍数乘以 $y$ 随 $x$ 变化的倍数. 这跟两套相连的齿轮系统的作用类似, 因此该法则形象地称为链式法则 (chain rule). 可以形象地记为

$$\frac{a}{c} = \frac{a}{b} \cdot \frac{b}{c}$$

复合函数求导法则的另一个重要意义在于它揭示了 "(一阶) 微分表示的不变性". 也就是说, 把 $z$ 看作是 $y$ 的函数时, 有微分

$$\mathrm{d}z = \frac{\mathrm{d}z}{\mathrm{d}y}(y_0)\mathrm{d}y,$$

把 $z$ 看作是 $x$ 的函数时, 有微分

$$\mathrm{d}z = \frac{\mathrm{d}z}{\mathrm{d}x}(x_0)\mathrm{d}x.$$

这二者是相等的, 因为我们有

$$\mathrm{d}y = \frac{\mathrm{d}y}{\mathrm{d}x}(x_0)\mathrm{d}x,$$

以及

$$\frac{\mathrm{d}z}{\mathrm{d}x}(x_0) = \frac{\mathrm{d}z}{\mathrm{d}y}(y_0)\frac{\mathrm{d}y}{\mathrm{d}x}(x_0).$$

由此可见, $\mathrm{d}z$ 本身是一个良定义的量, 在选用不同的自变量时, 它是唯一的、不变的. 今后我们会看到, 二阶微分就不具备这样的性质.

链式法则也可以用求导数的方式来证明:

$$\frac{g(f(x)) - g(f(x_0))}{x - x_0} = \frac{g(f(x)) - g(f(x_0))}{f(x) - f(x_0)} \cdot \frac{f(x) - f(x_0)}{x - x_0},$$

而且当 $x \to x_0$ 时有 $f(x) \to f(x_0)$(可导则连续), 因此两边求极限 $\lim\limits_{x \to x_0}$ 即可.

然而, 这里有一个漏洞, $\lim\limits_{x \to x_0}$ 的过程中 $f(x) - f(x_0)$ 可能出现为 $0$ 的点, 例如函数

$$f(x) = \begin{cases} x^2 \sin\dfrac{1}{x}, & x \neq 0, \\ 0, & x = 0. \end{cases}$$

为此考察辅助函数

$$h(y) = \begin{cases} \dfrac{g(y) - g(y_0)}{y - y_0}, & y \neq y_0, \\ g'(y_0), & y = y_0. \end{cases}$$

下式显然成立

$$\frac{g(f(x)) - g(f(x_0))}{x - x_0} = h(f(x))\frac{f(x) - f(x_0)}{x - x_0},$$

而且 $\lim\limits_{x \to x_0} h(f(x)) = g'(y_0)$. 两边同求极限即得链式法则.

复合函数求导在应用中非常有用.

**例 4.7**　求函数 $f(x) = \sin x^2$ 的导数.

**解**　如果我们记 $y = x^2$, 那么

$$\begin{aligned} f'(x) &= \left.\frac{\mathrm{d}\sin y}{\mathrm{d}y}\right|_{y=x^2} \cdot \frac{\mathrm{d}(x^2)}{\mathrm{d}x} \\ &= 2x\cos x^2. \end{aligned}$$

在熟悉之后, 我们可以省去上述 "记 $y = x^2$" 这步, 直接把 $x^2$ 看成一个整体. 譬如, 我们之前用到过的

$$\begin{aligned} \left(\sin\frac{1}{x^2}\right)' &= \cos\frac{1}{x^2} \cdot \left(\frac{1}{x^2}\right)' \\ &= -\frac{2}{x^3}\cos\frac{1}{x^2}. \end{aligned}$$

**例 4.8** 求函数 $f(x) = \sqrt{x + \sqrt{x + \sqrt{x+1}}}$ 的导数.

**解**

$$f'(x) = \frac{1}{2\sqrt{x + \sqrt{x + \sqrt{x+1}}}} \cdot \left(x + \sqrt{x + \sqrt{x+1}}\right)'$$

$$= \frac{1}{2\sqrt{x + \sqrt{x + \sqrt{x+1}}}} \cdot \left(1 + \frac{1}{2\sqrt{x + \sqrt{x+1}}}\right) \cdot \left(x + \sqrt{x+1}\right)'$$

$$= \frac{1}{2\sqrt{x + \sqrt{x + \sqrt{x+1}}}} \cdot \left(1 + \frac{1}{2\sqrt{x + \sqrt{x+1}}}\right) \cdot \left(1 + \frac{1}{2\sqrt{x+1}}\right).$$

接着我们讨论反函数的求导法则, 若函数 $f(x)$ 在 $U(x_0, \eta)$ 上严格单调递增 (减), 那么它在 $(f(x_0 - \eta), f(x_0 + \eta))$ 上 (或 $(f(x_0 - \eta), f(x_0 + \eta))$ 上) 有反函数. 若 $f(x)$ 在 $x_0$ 处有非 0 的导数, 我们讨论 $f^{-1}(y)$ 在 $y_0 = f(x_0)$ 处的导数. 如前所述, $f^{-1}(y)$ 必在 $(f(x_0 - \eta), f(x_0 + \eta))$ 上严格单调递增且连续.

因为 $\lim\limits_{x \to x_0} \dfrac{f(x) - f(x_0)}{x - x_0} = f'(x_0)$, 因此

$$\lim_{y \to y_0} \frac{f^{-1}(y) - f^{-1}(y_0)}{y - y_0} = \lim_{x \to x_0} \frac{x - x_0}{f(x) - f(x_0)} = \frac{1}{f'(x_0)}.$$

我们得到

$$(f^{-1})'(y_0) = \frac{1}{f'(x_0)},$$

或者

$$\frac{\mathrm{d}x}{\mathrm{d}y} = \frac{1}{\dfrac{\mathrm{d}y}{\mathrm{d}x}}.$$

这可以简记为

$$\frac{a}{b} = \frac{1}{\dfrac{b}{a}}.$$

下面考虑之前几个基本初等函数的反函数.

**例 4.9** 求函数 $\ln x$ 的导数.

**解** 令 $y = \ln x$, 则其反函数为 $x = \mathrm{e}^y$, 因此

$$(\ln x)' = \frac{1}{(\mathrm{e}^y)'}$$

$$= \frac{1}{\mathrm{e}^y}$$

$$= \frac{1}{x}.$$

此外, 作为复合函数的一个例子, 当 $x < 0$ 时, 我们有

$$
\begin{aligned}
(\ln(-x))' &= \frac{1}{-x}(-x)' \\
&= \frac{1}{x}.
\end{aligned}
$$

综合起来有

$$
(\ln|x|)' = \frac{1}{x} \quad (x \neq 0).
$$

**例 4.10** 求函数 $\arcsin x$ 的导数.

**解** 令 $y = \arcsin x$, 则其反函数为 $x = \sin y$, 因此

$$
\begin{aligned}
(\arcsin x)' &= \frac{1}{(\sin y)'} \\
&= \frac{1}{\cos y} \\
&= \frac{1}{\sqrt{1-x^2}}.
\end{aligned}
$$

类似可以求得

$$
\begin{aligned}
(\arccos x)' &= -\frac{1}{\sqrt{1-x^2}}, \\
(\arctan x)' &= \frac{1}{1+x^2}, \\
(\operatorname{arc\,cot} x)' &= -\frac{1}{1+x^2}.
\end{aligned}
$$

还有一类函数, 是以参数形式表示的, 例如在平面上运动物体的轨迹, 可以用其每一时刻的坐标 $(x, y) = (x(t), y(t))$ 来表示, 而其轨迹之斜率 $\dfrac{dy}{dx}$ 也可以通过关于时间的导数表示出来. 具体说来, 若 $x(t), y(t)$ 在 $t_0$ 处均可导, 且 $x'(t_0) \neq 0$, 则有

$$
\begin{aligned}
x(t) &= x(t_0) + x'(t_0)(t - t_0) + o(t - t_0), \\
y(t) &= y(t_0) + y'(t_0)(t - t_0) + o(t - t_0),
\end{aligned}
$$

而且 $t - t_0 = O(x - x_0)$, 因此

$$
y(t) = y(t_0) + y'(t_0)\frac{x(t) - x(t_0)}{x'(t_0)} + o(x - x_0),
$$

也就是说

$$
\frac{dy}{dx} = \frac{\dfrac{dy}{dt}}{\dfrac{dx}{dt}}.
$$

这也可以借用反函数的求导法则来证明. $x'(t_0) \neq 0$, 则 $x(t)$ 在 $t_0$ 的邻域上严格单调连续 (试证明之), 因此有反函数 $t = t(x)$, 则 $y = y(t(x))$ 的导数为

$$\frac{\mathrm{d}y}{\mathrm{d}x} = \frac{\mathrm{d}y}{\mathrm{d}t} \cdot \frac{\mathrm{d}t}{\mathrm{d}x} = \frac{\mathrm{d}y}{\mathrm{d}t} \cdot \frac{1}{\dfrac{\mathrm{d}x}{\mathrm{d}t}}.$$

上述法则可简记为

$$\frac{a}{b} = \frac{\dfrac{a}{c}}{\dfrac{b}{c}}.$$

**例 4.11** 试求出极坐标表示的曲线 $r = r(\theta)$ 的切线斜率 (见图 4.2).

**解** 直角坐标系下的方程为

$$x(\theta) = r(\theta) \cos \theta,$$
$$y(\theta) = r(\theta) \sin \theta.$$

于是切线斜率为

$$\begin{aligned}
\frac{\mathrm{d}y}{\mathrm{d}x} &= \frac{(r(\theta) \sin \theta)'}{(r(\theta) \cos \theta)'} \\
&= \frac{r' \sin \theta + r \cos \theta}{r' \cos \theta - r \sin \theta} \\
&= \frac{\dfrac{r}{r'} + \tan \theta}{1 - \dfrac{r}{r'} \tan \theta} \\
&= \tan(\alpha + \theta),
\end{aligned}$$

其中 $\alpha = \arctan \dfrac{r}{r'}$.

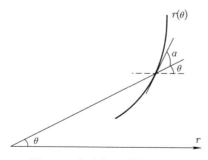

**图 4.2 极坐标下的切线斜率**

最后, 我们再讨论隐式表示的函数的求导. 若 $F(x,y) = 0$ 在 $x_0$ 的某个邻域内有唯一的解 $y = f(x)$[①], 那么我们就称之为隐式表示的函数 (隐函数).

因为 $F(x, f(x)) = 0$ 是个恒等式, 我们可以对左端关于 $x$ 求导. 一般而言, 其中含有 $f(x)$ 项的求导为复合函数求导, 会带来 $f'(x)$ 项. 解求导后的式子, 即可得到 $f'(x)$[②].

**例 4.12**　求圆周 $x^2 + y^2 = 1$ 的上半部分在 $x_0 \in (-1, 1)$ 处的切线斜率.

**解**　上半圆周 $(y > 0)$ 可表示为 $y = \sqrt{1 - x^2}$. 用复合函数求导法则直接计算得

$$\left. \frac{\mathrm{d}y}{\mathrm{d}x} \right|_{x_0} = \frac{-x_0}{\sqrt{1 - x_0^2}}.$$

另一方面, 我们如果视之为隐函数, 那么有

$$F(x, y(x)) = x^2 + y^2(x) - 1 = 0.$$

求导得

$$2x + 2yy' = 0,$$

于是

$$y'(x_0) = -\frac{x_0}{y_0} = -\frac{x_0}{\sqrt{1 - x_0^2}}.$$

因此切线为

$$y - y_0 = -\frac{x_0}{y_0}(x - x_0),$$

即

$$x_0 x + y_0 y = 1.$$

隐函数求导法则的另一个用处是对数求导法.

**例 4.13**　求函数

$$y(x) = f(x)^{g(x)}$$

的导数.

---

[①]实际上, 我们可以放松到在二维平面上 $(x_0, y_0)$ 的一个邻域上有唯一解.

[②]在讲到多元微积分时, 我们会知道 $\dfrac{\partial F}{\partial x} + \dfrac{\partial F}{\partial y} \cdot \dfrac{\mathrm{d}y}{\mathrm{d}x} = 0$, 于是 $\dfrac{\mathrm{d}y}{\mathrm{d}x} = -\dfrac{\dfrac{\partial F}{\partial x}}{\dfrac{\partial F}{\partial y}}$. 这会是隐函数定理的一部分结论.

**解** 两边同求对数得

$$\ln y(x) = g(x) \ln f(x),$$

求导得

$$\frac{y'(x)}{y(x)} = g'(x) \ln f(x) + \frac{g(x)f'(x)}{f(x)},$$

因此

$$y'(x) = y(x)g'(x) \ln f(x) + y(x)\frac{g(x)f'(x)}{f(x)}$$
$$= f(x)^{g(x)}g'(x) \ln f(x) + f(x)^{g(x)-1}f'(x)g(x).$$

我们注意到, 这里和式的两项, 刚好分别是把 $f(x)$ 和 $g(x)$ 看作常数时的导数:

$$(a^{g(x)})' = a^{g(x)}g'(x) \ln a,$$
$$((f(x))^{\mu})' = \mu f(x)^{\mu-1}f'(x).$$

当然, 上述例子也可以不通过隐式函数求导而是复合函数求导推出, 即改写为

$$y(x) = f(x)^{g(x)} = \mathrm{e}^{g(x) \ln f(x)}$$

再求导即可.

## 4.3  高 阶 导 数

当我们把求导数替换为求导函数 (如前所述, 不加区分地称导函数为导数), 就构造了一个映射, 即前面所述的微分算子. 回忆一下, 如果一个函数 $f(x)$ 在集合 $E$ 上点点连续, 我们称该函数在 $E$ 上连续, 记为 $f(x) \in C(E)$. 与此类似, 如果一个函数 $f(x)$ 在集合 $E$ 上点点可导, 我们称该函数在 $E$ 上可导, 如果导函数 $f'(x) \in C(E)$, 我们就称 $f(x)$ 在集合 $E$ 上连续可导, 记为 $f(x) \in C^1(E)$.

从前面的内容知道, 初等函数在其定义域上可导, 且其导函数仍为初等函数, 因此仍连续.

我们记

$$g(x) = f'(x) = \frac{\mathrm{d}f(x)}{\mathrm{d}x},$$

若 $g(x)$ 在点 $x_0$ 导数存在, 就称之为 $f(x)$ 在该点的二阶导数, 记为

$$f''(x) = \frac{\mathrm{d}^2 f}{\mathrm{d}x^2}(x_0) = g'(x_0).$$

我们知道, 一阶导数表示斜率, 相应于位移的速度. 二阶导数表示曲率 (弯曲的程度), 相应于位移的加速度.

如果二阶导 (函) 数仍然可导, 我们还可以定义三阶导数. 如此递归地可以定义任意阶导数

$$f^{(n)}(x) = \frac{\mathrm{d}^n f(x)}{\mathrm{d}x^n} = (f^{(n-1)}(x))'.$$

如前所述, 初等函数求导仍为初等函数, 因此导数连续, 再进行任意次求导也仍然为初等函数. 由此可见, 初等函数在其定义域上属于 $C^\infty = \bigcap\limits_{n=0}^{\infty} C^n$, 这种可任意阶求导的函数称为光滑函数.

高阶导数的四则运算法则中, 加减法是简单的. 用数学归纳法容易证明

$$(f+g)^{(n)}(x) = f^{(n)}(x) + g^{(n)}(x),$$
$$(f-g)^{(n)}(x) = f^{(n)}(x) - g^{(n)}(x).$$

乘法就要复杂一些, 我们从二阶导数算起.

$$\begin{aligned}
(fg)'' &= ((fg)')' \\
&= (f'g + fg')' \\
&= (f'g)' + (fg')' \\
&= f''g + f'g' + f'g' + fg'' \\
&= f''g + 2f'g' + fg''.
\end{aligned}$$

我们看到这个式子和平方和公式完全是一样的. 事实上, 用我们前面 "戴帽子" 的方式来讨论, $fg$ 求二阶导数, 就是有两顶帽子给 $f$ 和 $g$ 戴, 都戴在 $f$ 上的有一种, 戴在 $f$ 和 $g$ 上各一顶的方式有两种, 都戴在 $g$ 上的有一种.

采用这个办法, 我们就得到 $n$ 阶导数的乘法法则.

**定理 4.6 (莱布尼茨公式)**

$$(fg)^{(n)} = \sum_{p=0}^{n} \mathrm{C}_n^p f^{(p)} g^{(n-p)}.$$

除法就更复杂了. 我们试着算二阶导数.

$$\begin{aligned}
\left(\frac{f}{g}\right)'' &= (f'g^{-1} - fg^{-2}g')' \\
&= (f''g^{-1} - f'g^{-2}g') - (f'g^{-2}g' - 2fg^{-3}(g')^2 + fg^{-2}g'') \\
&= f''g^{-1} - 2(g^{-2}f'g' - g^{-3}f(g')^2) - fg^{-2}g''.
\end{aligned}$$

我们再算三阶导数.

$$\left(\frac{f}{g}\right)^{(3)} = [f''g^{-1} - 2(g^{-2}f'g' - g^{-3}f(g')^2) - fg^{-2}g'']'$$

$$= (f^{(3)}g^{-1} - f''g^{-2}g') - 2[-2g^{-3}f'(g')^2 + g^{-2}f''g' + g^{-2}f'g'' + 3g^{-4}f(g')^3$$

$$\quad - g^{-3}f'(g')^2 - 2g^{-3}fg'g''] - f'g^{-2}g'' + 2fg^{-3}g'g'' - fg^{-2}g^{(3)}$$

$$= f^{(3)}g^{-1} - 3g^{-2}f''g' + 6g^{-3}f'(g')^2 - 6g^{-4}f(g')^3 - 3g^{-2}f'g''$$

$$\quad + 6fg^{-3}g'g'' - fg^{-2}g^{(3)}.$$

更高阶的导数就更烦琐了. 我们可以计算 $\left(\dfrac{1}{g}\right)^{(n)}$, 然后利用乘法的莱布尼茨公式表示.

我们再看复合函数二阶导数的表达式. 由

$$\frac{\mathrm{d}z(y(x))}{\mathrm{d}x} = \frac{\mathrm{d}z(y)}{\mathrm{d}y} \cdot \frac{\mathrm{d}y(x)}{\mathrm{d}x},$$

再求导一次得

$$\frac{\mathrm{d}^2 z(y(x))}{\mathrm{d}x^2} = \frac{\mathrm{d}}{\mathrm{d}x}\left(\frac{\mathrm{d}z(y)}{\mathrm{d}y}\right)\frac{\mathrm{d}y(x)}{\mathrm{d}x} + \frac{\mathrm{d}z(y)}{\mathrm{d}y} \cdot \frac{\mathrm{d}}{\mathrm{d}x}\left(\frac{\mathrm{d}y(x)}{\mathrm{d}x}\right)$$

$$= \left[\frac{\mathrm{d}}{\mathrm{d}y}\left(\frac{\mathrm{d}z(y)}{\mathrm{d}y}\right)\frac{\mathrm{d}y(x)}{\mathrm{d}x}\right]\frac{\mathrm{d}y(x)}{\mathrm{d}x} + \frac{\mathrm{d}z(y)}{\mathrm{d}y} \cdot \frac{\mathrm{d}^2 y(x)}{\mathrm{d}x^2}$$

$$= \frac{\mathrm{d}^2 z}{\mathrm{d}y^2}\left(\frac{\mathrm{d}y}{\mathrm{d}x}\right)^2 + \frac{\mathrm{d}z}{\mathrm{d}y} \cdot \frac{\mathrm{d}^2 y}{\mathrm{d}x^2}.$$

这里我们看到, $z$ 作为 $x$ 的函数时, 其二阶微分并非是 $z$ 作为 $y$ 的函数的二阶微分, 而是

$$\mathrm{d}^2 z + \frac{\mathrm{d}z}{\mathrm{d}y}\mathrm{d}^2 y,$$

其中第二项当且仅当 $\dfrac{\mathrm{d}^2 y}{\mathrm{d}x^2} = 0$ (可以知道, 这就是说 $y = kx + b$) 时消失. 这样的线性坐标变换在我们把 $x$ 理解成时间的时候就相当于一个惯性系到另一个惯性系的变换. 如果非 0, 则相当于从惯性系到非惯性系的变换, 二阶微分增加的项相应于惯性力. 由此可见, 二阶微分 $\mathrm{d}^2 z$ 不是一个可以不依赖于自变量选择而良定义的量.

通过对比可以更好地理解一阶微分表示的不变性.

我们也可以通过近似的办法来体会. 在考虑二阶微分时, 函数为

$$z = z(y_0) + a(y - y_0) + b(y - y_0)^2 + o((y - y_0)^2),$$

以及

$$y = y_0 + \alpha(x - x_0) + \beta(x - x_0)^2 + o((x - x_0)^2).$$

代入即得

$$z = z(y_0) + a\alpha(x - x_0) + (b\alpha^2 + a\beta)(x - x_0)^2 + o((x - x_0)^2).$$

这里的交叉项 $a\beta$ 就是二阶微分失去不变性的来源. 与此相比, 一阶项就不会出现这样的交叉项.

参数表示的函数求二阶导数也是类似地做, 注意不是

$$\frac{\mathrm{d}^2 y}{\mathrm{d}x^2} = \frac{y''(t)}{x''(t)}.$$

反函数、隐式表示的函数的二阶导数作为练习.

有一些函数的高阶导数是比较容易求出的.

**例 4.14** 求 $f(x) = \mathrm{e}^{ax}$ 的各阶导数.

**解** $(\mathrm{e}^{ax})' = a\mathrm{e}^{ax}$, 归纳可知 $(\mathrm{e}^{ax})^{(n)} = a^n \mathrm{e}^{ax}$.

**例 4.15** 求 $f(x) = \sin x$ 的各阶导数.

**解**

$$(\sin x)' = \cos x,$$
$$(\sin x)'' = -(\sin x).$$

归纳可知

$$(\sin x)^{(2n-1)} = (-1)^{n-1} \cos x,$$
$$(\sin x)^{(2n)} = (-1)^n \sin x.$$

这可以归纳为

$$(\sin x)^n = \sin\left(x + \frac{n\pi}{2}\right).$$

**例 4.16** 求 $f(x) = \ln x$ 的各阶导数.

**解** $(\ln x)' = x^{-1}$. 归纳可得

$$(\ln x)^{(n)} = (-1)^{n+1}(n-1)! x^{-n}.$$

## 4.4 函数的极值

我们在第一章定义了集合的上下确界, 同时说如果上下确界本身也在该集合中, 就称之为最大值或最小值. 对于一个在数集 $E \subset \mathbb{R}$ 上定义的函数 $f(x)$, 如果它

有界, 那么必有上下确界 (指的是值域 $f(E) = \{f(x)|x \in E\}$ 作为一个集合). 如果 $E$ 是闭集而 $f(x) \in C(E)$, 那么必定取到最大值和最小值. 然而, 这些定理只是给出了存在性, 如何去找到最大或最小值, 用确界原理的办法是不可操作的, 连续函数最大最小值定理是反证法证明的, 也不能用来找最值. 本节来讨论一下相关的问题.

首先我们给出极值的定义.

**定义 4.3** 称 $f(x_0)$ 为 $f(x)$ 的一个极大值 (极小值), 若 $\exists \delta > 0$, 对 $\forall x \in \mathring{U}(x_0, \delta) \subset E$, 有 $f(x) \leqslant f(x_0)$ $(f(x) \geqslant f(x_0))$. 若上述不等式中严格不等号成立, 则相应地称为严格极大值或严格极小值. 这样的 $x_0$ 称为极值点. 极大值和极小值统称极值.

如 $f(x) = \sin x$ 的极值点为 $k\pi + \dfrac{\pi}{2}$.

如果加上可导的条件, 那么关于极值点有下面的重要定理.

**定理 4.7 (费马 (Fermat) 定理)** 若 $f(x)$ 在极值点 $x_0$ 的某开邻域 $U(x_0)$ 上有定义, 而且 $f(x)$ 在 $x_0$ 可导, 则 $f'(x_0) = 0$.

**证明** 由 $f(x_0)$ 在 $x_0$ 处可导和在 $U(x_0)$ 上有定义, 若

$$f'(x_0) = \lim_{x \to x_0} \frac{f(x) - f(x_0)}{x - x_0} \neq 0,$$

由极限的保号性质知 $\exists \delta > 0$, $\forall x \in U(x_0, \delta)$, $\dfrac{f(x) - f(x_0)}{x - x_0}$ 与 $f'(x_0)$ 同号.

不妨考虑为正. 当 $x > x_0$ 时 $f(x) > f(x_0)$, 而 $x < x_0$ 时 $f(x) < f(x_0)$, 故 $f(x_0)$ 不可能为极值.

矛盾.

由费马定理知道, 在集合 $E$ 上寻找可导函数 $f(x)$ 的极值, 我们只要关注满足 $f'(x_0) = 0$ 这一条件的点, 以及那些没有开邻域包含于 $E$ 的点 (若 $E$ 为区间, 后者就是区间的边界点). 我们称满足 $f'(x_0) = 0$ 的点为临界点.

值得指出的是, 如图 4.3(a) 所示, 若 $f(x)$ 在某些点处不可导, 那么我们就必须对这些点单独讨论. 例如函数 $f(x) = |x|$ 在原点处就是不可导的极小值点. 另一方面, 临界点未必是极值点, 例如考虑 $f(x) = x^3$.

**定理 4.8** 若函数 $f(x)$ 在 $[a, b]$ 上连续, 在 $(a, b)$ 上可导, 且在 $(a, b)$ 上临界点为有限个 $x_1, \cdots, x_k$, 那么其最大值为

$$M = \max\{f(a), f(b), f(x_1), \cdots, f(x_k)\},$$

最小值为

$$m = \min\{f(a), f(b), f(x_1), \cdots, f(x_k)\}.$$

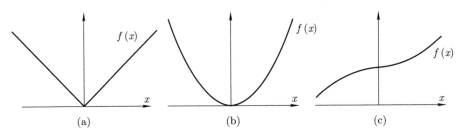

图 4.3　极值讨论中的几种情形

特别地, 若 $f(x)$ 在 $(a,b)$ 上无临界点, 则

$$M = \max\{f(a), f(b)\}, \quad m = \min\{f(a), f(b)\}.$$

**例 4.17**　求函数 $\dfrac{\sqrt{x}}{1+x}$ 的最值.

**解**　计算可知

$$f'(x) = \frac{(1+x)\dfrac{1}{2\sqrt{x}} - \sqrt{x}}{(1+x)^2} = \frac{1-x}{2\sqrt{x}(1+x^2)},$$

它的根为 1, 且 $f(1) = \dfrac{1}{2}$.

注意到

$$f(0) = 0, \quad \lim_{x \to +\infty} f(x) = 0,$$

故 $f(x) = \dfrac{\sqrt{x}}{1+x}$ 的最大值为 $f(1) = \dfrac{1}{2}$, 最小值为 $f(0) = 0$.

为了进一步研究极值, 我们需要研究中值定理.

**定理 4.9 (罗尔 (Rolle) 定理)**　若函数 $f(x)$ 在 $[a,b]$ 上连续, 在 $(a,b)$ 上可导, 且 $f(a) = f(b)$, 则 $\exists c \in (a,b), f'(c) = 0$.

**证明**　函数 $f(x)$ 在 $[a,b]$ 上连续, 故必定取到最大最小值, 分别记为 $M$ 和 $m$.
若 $M = m$, 则函数在 $[a,b]$ 为常值, 因此点点导数为 0, 得证.

否则, 由 $f(a) = f(b)$, 知 $M$ 和 $m$ 中至少一个不在边界点取得, 故至少一个最值为极值.

而 $f(x)$ 在 $(a,b)$ 上可导, 由费马定理知该极值点导数为 0, 即

$$\exists c \in (a,b), f'(c) = 0,$$

见图 4.4.

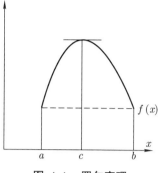

**图 4.4 罗尔定理**

**定理 4.10 (拉格朗日 (Lagrange) 中值定理)** 若函数 $f(x)$ 在 $[a, b]$ 上连续, 在 $(a, b)$ 上可导, 则 $\exists c \in (a, b)$,

$$f'(c) = \frac{f(b) - f(a)}{b - a}.$$

**证明** 取辅助函数 $g(x) = f(x) - \dfrac{f(b) - f(a)}{b - a}(x - a)$, 易知 $g(a) = g(b)$. 由罗尔定理, $\exists c \in (a, b), g'(c) = 0$, 此即

$$f'(c) = \frac{f(b) - f(a)}{b - a},$$

见图 4.5.

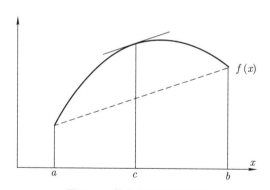

**图 4.5 拉格朗日中值定理**

我们称上述中值定理给出的

$$f(x) = f(x_0) + f'(x_0 + \theta \Delta x)\Delta x, \theta \in (0, 1)$$

为有限增量公式. 注意这里的 $\Delta x$ 是一个有限量, 而不像前面引入微分定义

$$f(x_0 + \Delta x) = f(x_0) + f'(x_0)\Delta x + o(\Delta x)$$

中的 $\Delta x$ 是个无穷小量, 因而这里不带 $o(\Delta x)$. 相应地, 定理的条件也不是在一点处可导, 而是在整个开区间上可导. 我们也称上述带 $o(\Delta x)$ 的公式为无穷小增量公式.

**例 4.18** 求证 $|\sin x - \sin y| \leqslant |x - y|$.

**证明** 由拉格朗日中值定理, $\exists c \in (x, y) \cup (y, x)$,

$$\frac{\sin x - \sin y}{x - y} = \frac{\cos c}{1} = \cos c.$$

由 $|\cos c| \leqslant 1$, 命题得证.

对于集合 $E$, 称其中满足存在开邻域 $U(x_0) \subset E$ 的点 $x_0$ 为集合 $E$ 的内点, 集合 $E$ 的所有内点组成的子集记为 $E^0$. 如果 $E = I$ 为区间, 那么不管 $I$ 的开闭情况, $I^0 = (a, b)$ 都是相应的开区间.

**定理 4.11** 若 $f(x)$ 在区间 $I$ 上连续, 在 $I^0$ 上可导, 则 $f(x) = C$ 的充要条件是 $f'(x) = 0, \forall x \in I^0$.

**证明** $\Leftarrow$: 在 $I$ 上先任取定一点 $\theta$, $\forall t \in I$, 则 $f(x)$ 在 $[\theta, t]$ 或 $[t, \theta]$ 上连续, 在 $(\theta, t)$ 或 $(t, \theta)$ 上可导. 拉格朗日中值定理给出

$$f(t) = f(\theta) + f'(c)(t - \theta), \quad c \in (\theta, t) \cup (t, \theta),$$

而 $\forall x \in I^0, f'(x) = 0$, 故 $f(t) = f(\theta)$.

$\Rightarrow$: 显然.

这个定理告诉我们, 两个闭区间上连续、开区间上可导的函数, 如果其导函数相同, 则这两个函数只能相差一个常数. 换言之, 在给定了导函数时, 函数在相差一个常数的意义下是唯一确定的. 这给出了定义不定积分的基础[①].

这个定理还可以推广. 对阶次 $n$ 进行数学归纳可证: 若 $f(x)$ 在 $\mathbb{R}$ 上 $(n+1)$ 阶可导, 且 $f^{(n+1)}(x) = 0$, 则必定存在 $(n+1)$ 个常数 $C_0, \cdots, C_n$, $f(x) = C_0 + C_1 x + \cdots + C_n x^n$.

有了有限增量公式, 我们可以对函数单调性和极值做进一步的分析.

**定理 4.12** 函数 $f(x)$ 在区间 $I$ 上连续, 在 $I^0$ 上可导, 则

(1) $f(x)$ 在区间 $I$ 上单调递增等价于在 $I^0$ 上 $f'(x) \geqslant 0$, $f(x)$ 在区间 $I$ 上严格单调递增等价于在 $I^0$ 上 $f'(x) \geqslant 0$ 且 $f'(x)$ 不在任何一个开子区间上恒为 0;

---

[①]函数 $f(x)$ 称为 (给定导函数 $g(x) = f'(x)$ 的) 一个原函数, 而 $\int g(x)\mathrm{d}x = f(x) + C$ 称为 $g(x)$ 的不定积分.

(2) $f(x)$ 在区间 $I$ 上单调递减等价于在 $I^0$ 上 $f'(x) \leqslant 0$, $f(x)$ 在区间 $I$ 上严格单调递减等价于在 $I^0$ 上 $f'(x) \leqslant 0$ 且 $f'(x)$ 不在任何一个开子区间上恒为 $0$.

**证明** 我们只证明单调递增的情形, 单调递减的证明类似.

一方面, 若 $f(x)$ 在区间 $I$ 上单调递增, 则 $\forall a \in I^0, \exists \delta > 0, U(a,\delta) \subset I^0$, 且 $\forall \eta \in (0,\delta), f(a) \leqslant f(a+\eta)$. 因此,

$$\frac{f(a+\eta) - f(a)}{\eta} \geqslant 0.$$

求极限可知 $f'(a^+) \geqslant 0$, 而 $f(x)$ 在 $I^0$ 上可导, 因此 $f'(a) = f'(a^+) \geqslant 0$.

反之, 若在 $I^0$ 上 $f'(x) \geqslant 0, \forall a, b \in I, a < b$, 由中值定理知

$$\exists c \in (a,b) \subset I, \ f(b) - f(a) = f'(c)(b-a) \geqslant 0,$$

故 $f(x)$ 在区间 $I$ 上单调递增.

另一方面, 若 $f(x)$ 在区间 $I$ 上严格单调递增, 我们已经证明了在 $I^0$ 上 $f'(x) \geqslant 0$.

如果 $f'(x)$ 在某个开子区间上恒为 $0$, 前面证明过 $f(x)$ 在该开子区间上为常数, 与严格单调递增矛盾.

反之, 在 $I^0$ 上 $f'(x) \geqslant 0$ 且 $f'(x)$ 不在任何一个开子区间上恒为 $0$, 由上已证 $f(x)$ 在 $I$ 上单调递增, 而若 $f(x)$ 在 $I$ 上不是严格单调递增, 则存在 $x_1, x_2 \in I, x_1 < x_2$, 满足 $f(x_1) = f(x_2)$.

由单调性知 $f(x)$ 在 $[x_1, x_2]$ 上为常值, 因此在相应的开区间上导数为 $0$, 与 $f'(x)$ 不在任何一个开子区间上恒为 $0$ 矛盾.

**例 4.19** 求证: $e^x \geqslant 1 + x + \dfrac{x^2}{2}$, 其中 $x \geqslant 0$.

**证明** 考察函数 $f(x) = e^x - 1$.

求导知

$$f'(x) = e^x.$$

在 $x > 0$ 时 $e^x > 0$, 而 $f(0) = 0$, 因此 $f(x) = e^x - 1 \geqslant 0$.

再令 $g(x) = e^x - 1 - x$.

求导知

$$g'(x) = e^x - 1 = f(x) \geqslant 0,$$

而 $g(0) = 0$, 因此 $g(x) = e^x - 1 - x \geqslant 0$.

进一步令 $h(x) = e^x - 1 - x - \dfrac{x^2}{2}$.

求导知

$$h'(x) = e^x - 1 - x = g(x) \geqslant 0,$$

而 $h(0) = 0$, 因此 $h(x) = e^x - 1 - x - \dfrac{x^2}{2} \geqslant 0$[①].

当一个函数在 $x_0$ 点两侧的单调性不同时, 该点自然就成为极值点. 特别地, 如果左侧递增右侧递减, 那么 $x_0$ 是极大值点, 而如果左侧递减右侧递增, 那么 $x_0$ 是极小值点. 考虑到一阶导数与单调性的关系, 我们有以下定理.

**定理 4.13 (极值的第一充分条件)** 函数 $f(x)$ 在区间 $I$ 上有定义, 在某 $\check{U}(x_0, \delta)$ $\subset I$ 连续, 在 $\check{U}(x_0, \delta)$ 上可导. 若

$$f'(x)(x - x_0) > 0, \forall x \in \check{U}(x_0, \delta),$$

则 $f(x)$ 在 $x_0$ 点取得严格的极小值; 若

$$f'(x)(x - x_0) < 0, \forall x \in \check{U}(x_0, \delta),$$

则 $f(x)$ 在 $x_0$ 点取得严格的极大值.

如果函数在 $x_0$ 点二阶可导, 我们可以这样判断极值.

**定理 4.14 (极值的第二充分条件)** 函数 $f(x)$ 在区间 $I$ 上有定义, 在内点 $x_0$ 处二阶可导, 且 $f'(x_0) = 0$. 若 $f''(x_0) > 0$, 则 $f(x)$ 在 $x_0$ 点取得严格的极小值; 若 $f''(x_0) < 0$, 则 $f(x)$ 在 $x_0$ 点取得严格的极大值.

事实上, 由极限保号的性质, $f'(x_0) = 0$ 和 $f''(x_0)$ 非零可以知道 $f'(x)$ 在 $U(x_0)$ 的单调性, 于是第一充分条件满足.

此外, 如果最大值或最小值不在这个点取到, 必定有其他临界点, 因此有以下定理.

**定理 4.15** 函数 $f(x)$ 在区间 $I$ 连续, 在 $I^0$ 二阶可导, 且 $x_0$ 是 $f(x)$ 唯一的临界点. 若 $f''(x_0) > 0$, 则 $f(x)$ 在 $x_0$ 点取得最小值; 若 $f''(x_0) < 0$, 则 $f(x)$ 在 $x_0$ 点取得最大值.

**例 4.20** 光在两种介质中的速度分别为 $c_1$ 和 $c_2$, 若界面为平面, 光学理论认为光线走用时最短的光路 (费马原理). 那么, 穿过两种介质时光路是怎样的?

**解** 在同种介质中, 直线最短, 于是也用时最短. 因此, 光路仅需知道其在界面上所过的点就可以确定.

---

[①]循此下去, 我们可以证明对于 $x \geqslant 0$, 有 $e^x \geqslant 1 + x + \cdots + \dfrac{x^n}{n!}$.

如图 4.6 所示, 以界面为 $x$ 轴建立平面直角坐标系, 上下两侧有两点 $A(x_1, y_1)$, $B(x_2, y_2)$, 若光路经过界面时的点为 $(x, 0)$, 那么所用时间为

$$f(x) = \frac{\sqrt{(x_1 - x)^2 + {y_1}^2}}{c_1} + \frac{\sqrt{(x_2 - x)^2 + {y_2}^2}}{c_2}.$$

求导可得

$$f'(x) = \frac{x - x_1}{c_1 \sqrt{(x_1 - x)^2 + {y_1}^2}} + \frac{x - x_2}{c_2 \sqrt{(x_2 - x)^2 + {y_2}^2}},$$

于是临界点满足

$$\frac{\dfrac{x - x_1}{\sqrt{(x_1 - x)^2 + {y_1}^2}}}{\dfrac{x_2 - x}{\sqrt{(x_2 - x)^2 + {y_2}^2}}} = \frac{c_1}{c_2}.$$

此即折射定律. 具体的 $x$ 值这里略去不解.

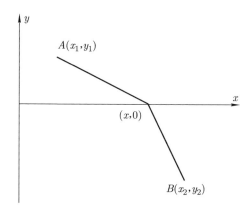

图 4.6  光的折射

## 4.5  柯西中值定理和洛必达法则

柯西中值定理可用于研究未定型的极限.

**定理 4.16**  若 $f(x)$, $g(x)$ 在区间 $[a, b]$ 上连续, 在 $(a, b)$ 上可导, 且 $g'(x) \neq 0$ $(\forall x \in (a, b))$, 则 $\exists \xi \in (a, b)$, 满足

$$\frac{f(b) - f(a)}{g(b) - g(a)} = \frac{f'(\xi)}{g'(\xi)}.$$

**证明**　考察辅助函数

$$F(x) = f(x) - f(a) - \frac{f(b) - f(a)}{g(b) - g(a)}(g(x) - g(a)),$$

容易验证 $F(a) = F(b) = 0$, 以及 $F(x)$ 在区间 $[a, b]$ 上连续, 在 $(a, b)$ 上可导.

由罗尔定理可知, $\exists \xi \in (a, b)$, $F'(\xi) = 0$, 此即

$$f'(\xi) - \frac{f(b) - f(a)}{g(b) - g(a)}g'(\xi) = 0.$$

而 $g'(x) \neq 0$ $(\forall x \in (a, b))$, 故可除以 $g'(\xi)$, 证毕.

注意, 这里不能分别对 $f(x), g(x)$ 用拉格朗日中值定理, 否则分子分母对应的导数一般不在同一点取得.

柯西中值定理在求解未定型的极限上有重要应用. 在第二章我们介绍了含有 $\infty$ 的极限. 对于含有 $\infty$ 的极限四则运算和指数函数或幂函数, 有一些情形难以确定其为 0, 非 0 的实数, 或者发散 (包括 $\infty$). 这包括: $\infty - \infty$, $0 \cdot \infty$, $0/0$, $\infty/\infty$, $1^\infty$, $0^0$, $\infty^0$, 其中 $0, 1, \infty$ 均表示极限如此的序列.

**定理 4.17 (洛必达法则 (L'Hospital's rule))**[1]　若函数 $f(x), g(x)$ 在 $\mathring{U}(a)$ 上可导, $g'(x) \neq 0$, 并且满足

$$\lim_{x \to a} f(x) = \lim_{x \to a} g(x) = 0, \quad \lim_{x \to a} \frac{f'(x)}{g'(x)} = l,$$

则

$$\lim_{x \to a} \frac{f(x)}{g(x)} = l.$$

**证明**　我们先考虑 $l = 0$ 的情况, 并且不妨先考虑右侧邻域 $(a, a + \delta_0)$.

首先断言由 $(a, a + \delta_0)$ 上 $g'(x) \neq 0$ 知, 在某个可能更小的区间 $(a, a + \delta_1)$ 上 $g(x) \neq 0$. 事实上, 若有 $(a, a + \delta_0)$ 上两点 $g(x) = 0$, 由罗尔定理, 其间必有临界点, 则 $g'$ 在该临界点上为 0, 与已知矛盾. 因此, 最多有一点 $g(x^*) = 0$, 此时取 $\delta_1 = \dfrac{x^* - a}{2} > 0$ (若没有这样的点, 取 $\delta_1 = \delta_0$). 在开邻域 $\mathring{U}(a, \delta_1)$ 上, 就有 $g(x) \neq 0$.

由 $\lim\limits_{x \to a} = \dfrac{f'(x)}{g'(x)} = l = 0$, 知 $\forall 1 > \varepsilon > 0, \exists \delta_2 \in (0, \delta_1)$, 在 $(a, a + \delta_2)$ 上,

$$\left| \frac{f'(x)}{g'(x)} \right| < \frac{\varepsilon}{3}.$$

---

[1]洛必达法则并非洛必达首先发现的, 而是归属于伯努利.

而对任意取定的 $x \in (a, a + \delta_2)$, 我们有

$$\lim_{y \to a} \frac{f(y)}{g(x)} = \lim_{y \to a} \frac{g(y)}{g(x)} = 0.$$

因此, $\exists \delta_3 \in (0, \delta_2)$, 在 $y \in (a, a + \delta_3)$ 时, 有

$$\frac{1}{2} < 1 - \frac{g(y)}{g(x)} < \frac{3}{2}, \quad \left| \frac{f(y)}{g(x)} \right| < \frac{\varepsilon}{2}.$$

则应用柯西中值定理知: $\exists \xi \in (x, y) \cup (y, x) \subset (a, a + \delta_3)$,

$$
\begin{aligned}
\left| \frac{f(x)}{g(x)} \right| &= \left| \left( 1 - \frac{g(y)}{g(x)} \right) \frac{f(x) - f(y)}{g(x) - g(y)} + \frac{f(y)}{g(x)} \right| \\
&\leqslant \frac{3}{2} \left| \frac{f(x) - f(y)}{g(x) - g(y)} \right| + \left| \frac{f(y)}{g(x)} \right| \\
&\leqslant \frac{3}{2} \left| \frac{f'(\xi)}{g'(\xi)} \right| + \left| \frac{f(y)}{g(x)} \right| \\
&< \frac{3}{2} \cdot \frac{\varepsilon}{3} + \frac{\varepsilon}{2} \\
&= \varepsilon.
\end{aligned}
$$

因此, 有

$$\lim_{x \to a^+} \frac{f(x)}{g(x)} = 0.$$

同理,

$$\lim_{x \to a^-} \frac{f(x)}{g(x)} = 0.$$

综上,

$$\lim_{x \to a} \frac{f(x)}{g(x)} = 0.$$

对于 $l \neq 0$ 的情形, 仅需考察辅助函数

$$\tilde{f}(x) = f(x) - l \cdot g(x).$$

由上可知

$$\lim_{x \to a} \frac{\tilde{f}(x)}{g(x)} = 0.$$

此即

$$\lim_{x \to a} \frac{f(x)}{g(x)} = l.$$

洛必达法则其实是考虑在 $x \to a$ 时, 有展开式

$$f(x) = f(a) + f'(a)(x-a) + o(x-a), \quad g(x) = g(a) + g'(a)(x-a) + o(x-a).$$

但是, 下述证明是不严格的:

$$\lim_{x \to a} \frac{f(x)}{g(x)} = \lim_{x \to a} \frac{\dfrac{f(x) - f(a)}{x-a}}{\dfrac{g(x) - g(a)}{x-a}} = \lim_{x \to a} \frac{f'(x)}{g'(x)},$$

需要用 "双极限" 的办法处理 (即固定一个, 让另一个取极限, 再套用 $\varepsilon$-$\delta$ 定义).

此外, 如果在求导过程中

$$\lim_{x \to a} f'(x) = \lim_{x \to a} g'(x) = 0,$$

我们可以进一步采用洛必达法则继续求导, 直至不再是未定型为止, 即

$$\lim_{x \to a} \frac{f(x)}{g(x)} = \lim_{x \to a} \frac{f'(x)}{g'(x)} = \cdots = \lim_{x \to a} \frac{f^{(n)}(x)}{g^{(n)}(x)} = l.$$

在使用洛必达法则时, 需要注意验证分子分母确实皆趋于 $0$.

**例 4.21**　求 $\lim\limits_{x \to 0} = \dfrac{\sin x - x}{x^3}$.

**解**　由洛必达法则知

$$
\begin{aligned}
&\lim_{x \to 0} \frac{\sin x - x}{x^3} \\
&= \lim_{x \to 0} \frac{(\sin x - x)'}{(x^3)'} \quad \left( \lim_{x \to 0}(\sin x - x) = \lim_{x \to 0} x^3 = 0 \right) \\
&= \lim_{x \to 0} \frac{\cos x - 1}{3x^2} \quad \left( \lim_{x \to 0}(\cos x - 1) = \lim_{x \to 0} 3x^2 = 0 \right) \\
&= \lim_{x \to 0} \frac{-\sin x}{6x} \\
&= -\frac{1}{6}.
\end{aligned}
$$

**例 4.22**　求 $\lim\limits_{x \to 0} \dfrac{\mathrm{e}^x - 1 - x}{x^2}$.

**解**　由洛必达法则知

$$
\begin{aligned}
&\lim_{x \to 0} \frac{\mathrm{e}^x - 1 - x}{x^2} \\
&= \lim_{x \to 0} \frac{\mathrm{e}^x - 1}{2x} \quad \left( \lim_{x \to 0}(\mathrm{e}^x - 1 - x) = \lim_{x \to 0} x^2 = 0 \right) \\
&= \lim_{x \to 0} \frac{\mathrm{e}^x}{2} \quad \left( \lim_{x \to 0}(\mathrm{e}^x - 1) = \lim_{x \to 0} 2x = 0 \right) \\
&= \frac{1}{2}.
\end{aligned}
$$

**例 4.23** 求 $\lim\limits_{h\to 0}\dfrac{f(x-h)-2f(x)+f(x+h)}{h^2}$.

**解** 两次使用洛必达法则, 有

$$\lim_{h\to 0}\frac{f(x-h)-2f(x)+f(x+h)}{h^2}$$

$$=\lim_{h\to 0}\frac{-f'(x-h)+f'(x+h)}{2h}$$

$$\left(\lim_{h\to 0}[f(x-h)-2f(x)+f(x+h)]=\lim_{h\to 0}h^2=0\right)$$

$$=\lim_{h\to 0}\frac{f''(x-h)+f''(x+h)}{2}$$

$$\left(\lim_{h\to 0}[-f'(x-h)+f'(x+h)]=\lim_{h\to 0}2h=0\right)$$

$$=f''(x).$$

上述定理中, 如果

$$\lim_{x\to a}f(x)=\lim_{x\to a}g(x)=+\infty,-\infty,\infty,$$

或者 $a=+\infty,-\infty,\infty$, 或者 $l=+\infty,-\infty,\infty$, 结论也同样成立. 我们仅叙述并证明其中一种情形.

**定理 4.18 (洛必达法则)** 若在 $(A,+\infty)$ 上函数 $f(x),g(x)$ 可导, 且 $g'(x)\neq 0$, 并且满足

$$\lim_{x\to+\infty}f(x)=\lim_{x\to+\infty}g(x)=+\infty,\qquad \lim_{x\to+\infty}\frac{f'(x)}{g'(x)}=+\infty,$$

则有

$$\lim_{x\to+\infty}\frac{f(x)}{g(x)}=+\infty.$$

**证明** $\forall E>0$, 由

$$\lim_{x\to+\infty}\frac{f'(x)}{g'(x)}=+\infty$$

知 $\exists \Delta\in\mathbb{R},\forall x>\Delta$, 有

$$\frac{f'(x)}{g'(x)}>2E+1.$$

任意取定一点 $y>\Delta$, 由 $\lim\limits_{x\to+\infty}g(x)=+\infty$ 知

$$\lim_{z\to+\infty}\frac{g(y)}{g(z)}=\lim_{z\to+\infty}\frac{f(y)}{g(z)}=0,$$

因此 $\exists \Delta' > y$, 在 $z > \Delta'$ 时, 有

$$\frac{1}{2} < 1 - \frac{g(y)}{g(z)} < \frac{3}{2}, \quad \left|\frac{f(y)}{g(z)}\right| < \frac{1}{2}.$$

由拉格朗日中值定理,

$$
\begin{aligned}
\frac{f(z)}{g(z)} &= \left(1 - \frac{g(y)}{g(z)}\right)\frac{f(z) - f(y)}{g(z) - g(y)} + \frac{f(y)}{g(z)} \\
&\geqslant \frac{1}{2} \cdot \frac{f(y) - f(z)}{g(y) - g(z)} + \frac{f(y)}{g(z)} \\
&\geqslant \frac{1}{2} \cdot \frac{f'(\xi)}{g'(\xi)} - \frac{1}{2} \\
&> \frac{1}{2} \cdot (2E + 1) - \frac{1}{2} \\
&= E.
\end{aligned}
$$

在上述证明中, 实际上我们只需 $\lim\limits_{x\to+\infty} g(x) = +\infty$, 而条件 $\lim\limits_{x\to+\infty} f(x) = \infty$ 是不必的. 事实上, 对于有界的 $f(x)$, 显然有

$$\lim_{x\to+\infty} \frac{f(x)}{g(x)} = 0.$$

我们建议在应用洛必达法则时, 总是检验分子分母是否同时为 $0$ 或 $\infty$.

**例 4.24**　求 $\lim\limits_{x\to+\infty} \dfrac{\ln x}{x^\mu}(\mu > 0)$.

**解**　由洛必达法则知

$$
\begin{aligned}
&\lim_{x\to+\infty} \frac{\ln x}{x^\mu} \\
&= \lim_{x\to+\infty} \frac{\dfrac{1}{x}}{\mu x^{\mu-1}} \quad \left(\lim_{x\to+\infty}\ln x = \lim_{x\to+\infty} x^\mu = +\infty\right) \\
&= \lim_{x\to+\infty} \frac{1}{\mu x^\mu} \\
&= 0.
\end{aligned}
$$

我们以下面的例子说明洛必达法则虽然很有威力, 但是也不能滥用.

**例 4.25**　求 $\lim\limits_{x\to+\infty} \dfrac{x}{\sqrt{x^2 + 1}}$.

**解**　如用洛必达法则, 会发生循环:

$$\lim_{x\to+\infty} \frac{x}{\sqrt{x^2 + 1}}$$

$$= \lim_{x \to +\infty} \frac{1}{\dfrac{2x}{2\sqrt{x^2+1}}} \quad \left( \lim_{x \to +\infty} x = \lim_{x \to +\infty} \sqrt{x^2+1} = +\infty \right)$$

$$= \lim_{x \to +\infty} \frac{\sqrt{x^2+1}}{x}$$

$$= \lim_{x \to +\infty} \frac{\dfrac{2x}{2\sqrt{x^2+1}}}{1} \quad \left( \lim_{x \to +\infty} x = \lim_{x \to +\infty} \sqrt{x^2+1} = +\infty \right)$$

$$= \lim_{x \to +\infty} \frac{x}{\sqrt{x^2+1}}.$$

事实上

$$\lim_{x \to +\infty} \frac{x}{\sqrt{x^2+1}} = \frac{1}{\lim\limits_{x \to +\infty} \sqrt{1 + \dfrac{1}{x^2}}} = 1.$$

下面我们讨论一下 "光滑子". 用它可以光滑连接任意两个数值 (或函数), 见图 4.7.

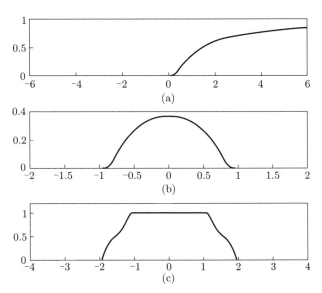

**图 4.7　光滑子: (a)** $f(x)$; **(b)** $f(1-x^2)$; **(c)** $\psi(x)$

**例 4.26**　研究函数 $f(x) = \begin{cases} \mathrm{e}^{-\frac{1}{x}}, & x > 0, \\ 0, & x \leqslant 0 \end{cases}$ 在原点的高阶导数.

**解**　我们断言

$$\frac{\mathrm{d}^k f}{\mathrm{d}x^k} = \begin{cases} P_{2k}\left(\dfrac{1}{x}\right) \mathrm{e}^{-\frac{1}{x}}, & x > 0, \\ 0, & x \leqslant 0, \end{cases}$$

其中 $P_{2k}$ 表示关于自变量的 $2k$ 次多项式.

事实上, $k = 0$ 时上式显然成立.

设 $k = n$ 时上式成立. 则当 $k = n + 1$ 时, 对于 $x > 0$, 有

$$\frac{\mathrm{d}^{n+1}f}{\mathrm{d}x^{n+1}} = \frac{\mathrm{d}}{\mathrm{d}x}\left[P_{2n}\left(\frac{1}{x}\right)\mathrm{e}^{-\frac{1}{x}}\right]$$

$$= P_{2n-1}\left(\frac{1}{x}\right) \cdot \left(-\frac{1}{x^2}\right)\mathrm{e}^{-\frac{1}{x}} + P_{2n}\left(\frac{1}{x}\right)\mathrm{e}^{-\frac{1}{x}} \cdot \frac{1}{x^2}$$

$$= P_{2n+2}\left(\frac{1}{x}\right)\mathrm{e}^{-\frac{1}{x}}.$$

对于 $x = 0$, 其右极限为 $\left(\text{记 } H = \dfrac{1}{h}\right)$

$$\frac{\mathrm{d}^{n+1}}{\mathrm{d}x^{n+1}}f(0^+) = \lim_{h \to 0^+} \frac{P_{2n}\left(\dfrac{1}{h}\right)\mathrm{e}^{-\frac{1}{h}} - 0}{h}$$

$$= \lim_{H \to +\infty} \frac{HP_{2n}(H)}{\mathrm{e}^H}.$$

反复使用洛必达法则, 在关于 $H$ 作 $(2n+1)$ 次求导后分子为有限数, 而分母仍为 $\mathrm{e}^H$, 故上述极限为 0.

对于 $x < 0$, 其各阶导数 (包括 0 处的左导数) 均为 0. 综上可知, $f(x)$ 在 0 点各阶导数均为 0.

在上一个例子的基础上, 考虑函数

$$f(1 - x^2) = \begin{cases} \mathrm{e}^{\frac{1}{x^2-1}}, & |x| < 1, \\ 0, & |x| \geqslant 1. \end{cases}$$

它仅在 $(-1, 1)$ 上非 0, 而且在 $\pm 1$ 点光滑过渡到 0.

该函数可用于构造光滑连接两个不同的数值的函数. 例如

$$\psi(x) = \frac{f(4 - x^2)}{f(4 - x^2) + f(x^2 - 1)} = \begin{cases} 1, & |x| \leqslant 1, \\ 0, & |x| \geqslant 2. \end{cases}$$

它在 $[-1, 1]$ 上为 1, 在 $(-2, 2)$ 之外为 0, 而在两个数值之间是光滑的.

其他未定型, 一般也都可以化为 $\dfrac{0}{0}$ 或 $\dfrac{\infty}{\infty}$ 形式, 进而用洛必达法则计算.

**例 4.27** $(0 \cdot \infty)$  求 $\lim\limits_{x \to 0} x \cdot \cot x$.

**解**

$$\lim_{x \to 0} x \cdot \cot x$$
$$= \lim_{x \to 0} \frac{x}{\tan x}$$
$$= \lim_{x \to 0} \frac{1}{\sec^2 x} \qquad \left(\lim_{x \to 0} x = \lim_{x \to 0} \tan x = 0\right)$$
$$= 1.$$

**例 4.28** $(\infty - \infty)$　求 $\displaystyle\lim_{x \to 0} \left(\frac{1}{x^2} - \cot^2 x\right)$.

**解**

$$\lim_{x \to 0} \left(\frac{1}{x^2} - \cot^2 x\right)$$
$$= \lim_{x \to 0} \left(\frac{1}{x} - \cot x\right)\left(\frac{1}{x} + \cot x\right)$$
$$= \lim_{x \to 0} \frac{\sin x - x \cos x}{x^3} \cdot \lim_{x \to 0} \frac{x^2}{\sin^2 x} \cdot \lim_{x \to 0} \frac{\sin x + x \cos x}{x}$$
$$= \lim_{x \to 0} \frac{\cos x - \cos x + x \sin x}{3x^2} \cdot 1 \cdot \lim_{x \to 0} \frac{\cos x + \cos x - x \sin x}{1}$$
$$= \lim_{x \to 0} \frac{\sin x}{3x} \cdot 2$$
$$= \frac{2}{3}.$$

这里我们略去了分式上下为 0 的验证. 值得注意的是, 我们做了因式分解, 对每一个因式求极限就比较简洁.

**例 4.29**　$x_1, \cdots, x_n > 0$, 定义 $M_t = \left(\dfrac{x_1^t + \cdots + x_n^t}{n}\right)^{\frac{1}{t}}$. 试证明:

(1) $1^\infty$. $\displaystyle\lim_{t \to 0} M_t = \sqrt[n]{x_1 \cdots x_n}$.

(2) $\infty^0/0^0$. $\displaystyle\lim_{t \to +\infty} M_t = \max\{x_1, \cdots, x_n\}$.

(3) $\infty^0/0^0$. $\displaystyle\lim_{t \to -\infty} M_t = \min\{x_1, \cdots, x_n\}$.

**证明**　(1) 取对数可得 $\dfrac{0}{0}$ 型的极限式:

$$\lim_{t \to 0} \ln M_t = \lim_{t \to 0} \frac{\ln(x_1^t + \cdots + x_n^t) - \ln n}{t}$$
$$= \lim_{t \to 0} \frac{\dfrac{x_1^t \ln x_1 + \cdots + x_n^t \ln x_n}{x_1^t + \cdots + x_n^t}}{1} \qquad \left(\lim_{t \to 0} \ln(x_1^t + \cdots + x_n^t) - \ln n = \lim_{t \to 0} t = 0\right)$$
$$= \frac{\ln x_1 + \cdots + \ln x_n}{n}.$$

因此

$$\lim_{t\to 0} M_t = \sqrt[n]{x_1 \cdots x_n}.$$

(2) 与 (1) 中类似,

$$
\begin{aligned}
\lim_{t\to +\infty} \ln M_t &= \lim_{t\to +\infty} \frac{\ln(x_1^t + \cdots + x_n^t) - \ln n}{t} \\
&= \lim_{t\to +\infty} \frac{\dfrac{x_1^t \ln x_1 + \cdots + x_n^t \ln x_n}{x_1^t + \cdots + x_n^t}}{1} \\
&= \lim_{t\to +\infty} \frac{x_1^t \ln x_1 + \cdots + x_n^t \ln x_n}{x_1^t + \cdots + x_n^t}.
\end{aligned}
$$

这里, 在判断分子分母时, 分子未必趋于无穷大 (仅当 $x_i$ 中有大于 1 的, 才趋于无穷大), 但是洛必达法则一样适用.

若 $x_1 = \cdots = x_l = M = \max\{x_1, \cdots, x_n\} > x_{l+1} \geqslant \cdots > 0$, 则分子分母同除以 $M^t$ 可得极限为 $\ln M$. 因此,

$$\lim_{t\to +\infty} M_t = \max\{x_1, \cdots, x_n\}.$$

(3) 与上一种情形类似.

## 4.6　泰 勒 公 式

泰勒公式是微分概念的进一步延伸. 在微分里, 我们采用了以直代曲的方式, 分析函数局部的行为. 更进一步, 我们以多项式来更好地进行局部逼近, 这就给出了泰勒公式、泰勒展开和泰勒级数.

如果我们要给出一个函数 $f(x)$ 在 $x = 0$ 处的 $n$ 次多项式逼近, 就是要给出多项式各项系数的表达式. 显然, 当 $f(x)$ 本身就是不高于 $n$ 次的多项式时, 这样的逼近是精确的.

### 4.6.1　带小 $o$ 余项的泰勒公式

我们考虑 $P_n(x) = a_0 + a_1 x + \cdots + a_n x^n$. 通过求导数可得

$$P_n(0) = a_0, \quad P_n'(0) = a_1, \quad P_n''(0) = 2a_2, \cdots, \quad P_n^{n}(0) = n! a_n.$$

因此, 我们猜测, 对于一个 $n$ 阶可导的函数 $f(x)$, 用一个 $n$ 次的多项式去逼近它时, 应该取

$$a_0 = f(0), \quad a_1 = f'(0), \quad a_2 = \frac{1}{2!}f''(0), \cdots, \quad a_n = \frac{1}{n!}f^{(n)}(0).$$

问题是: 这样的逼近有多好?

我们定义误差函数

$$R_{n+1}(x) = f(x) - P_n(x),$$

并研究它在 $x \to 0$ 时的表现.

不断运用洛必达法则可以知道,

$$
\begin{aligned}
\lim_{x \to 0} \frac{R(x)}{x^n} &= \lim_{x \to 0} \frac{f(x) - P_n(x)}{x^n} \\
&= \lim_{x \to 0} \frac{f'(x) - P_n'(x)}{nx^{n-1}} \\
&= \cdots \\
&= \lim_{x \to 0} \frac{f^{(n-1)}(x) - P_n^{(n-1)}(x)}{n!x} \\
&= \lim_{x \to 0} \frac{f^{(n-1)}(x) - f^{(n-1)}(0)}{n!x} - \lim_{x \to 0} \frac{P_n^{(n-1)}(x) - f^{(n-1)}(0)}{n!x} \\
&= \frac{1}{n!}(f^{(n)}(0) - n!a_n) \\
&= 0.
\end{aligned}
$$

这里用到了 $\lim\limits_{x \to 0}[f(x) - P_n(x)] = f(0) - P_n(0) = f(0) - a_0 = 0$. 后续每步的验证用到了 $a_i$ 的定义. 最后一步我们用的是极限的定义[①], 以及 $P_n^{(n-1)}(x) = (n-1)!a_{n-1} + n!a_n x = f^{(n-1)}(0) + f^{(n)}(0)x$. 也就是说, 若 $f(x)$ 在 0 点 $n$ 阶可导, 就有

$$R_{(n+1)}(x) = o(x^n).$$

我们在 $x = a$ 点做类似的多项式展开, 即可得到以下带小 $o$ 余项 (皮亚诺余项) 的泰勒公式.

**定理 4.19** 若 $f(x)$ 在 $\check{U}(a)$ 有定义, 在 $x = a$ 点有 $n$ 阶导数, 则

$$f(x) = \sum_{k=0}^{n} \frac{f^{(k)}(a)}{k!}(x-a)^k + o((x-a)^n),$$

且这样的展开是唯一的. 特别地, 在 $a = 0$ 时上式称为麦克劳林 (Maclaurin) 展开.

唯一性可以从余项看出来. 事实上, 容易看到对任何 $k \leqslant n$, $(x-a)^k$ 都不是 $o((x-a)^n)$ 的, 因此所有不高于 $n$ 阶幂的系数都是唯一的.

---

[①]如果继续用洛必达法则, 就需要 $f^{(n)}(x)$ 在 0 点连续这样更强的条件.

根据前面的高阶导数计算结果, 我们有以下麦克劳林展开式:

$$e^x = \sum_{k=0}^{n} \frac{x^k}{k!} + o(x^n),$$

$$\sin x = \sum_{k=0}^{n} \frac{(-1)^k}{(2k+1)!} x^{2k+1} + o(x^{2n+1}),$$

$$\cos x = \sum_{k=0}^{n} \frac{(-1)^k}{(2k)!} x^{2k} + o(x^{2n}).$$

这里指出, 我们可以从 $\cos x = (\sin x)'$ 和 $\sin x$ 的展开式推出 $\cos x$ 的展开式, 但这并非基于下式, 因为它是错误的:

$$(o(x^n))' = o(x^{n-1}).$$

例如, 考虑函数

$$g(x) = \begin{cases} x^2 \sin \dfrac{1}{x^n}, & x \neq 0, \\ 0, & x = 0. \end{cases}$$

显然有 $g(x) = o(x)$, 但是

$$g'(x) = 2x \sin \frac{1}{x^n} - n x^{1-n} \cos \frac{1}{x^n} \neq o(1).$$

正确的证明基于麦克劳林展开式的唯一性. 事实上, 由 $f(x)$ 和 $g(x) = f'(x)$ 在 $a$ 点泰勒展开的系数表达式, 我们有以下定理.

**定理 4.20** 设 $f(x)$ 在 $\breve{U}(a)$ 有定义, 在 $x = a$ 点有 $n$ 阶导数.
(1) 若

$$f(x) = a_0 + a_1(x-a) + \cdots + a_n(x-a)^n + o(x^n),$$

则

$$f'(x) = a_1 + 2a_2(x-a) + \cdots + n a_n(x-a)^{n-1} + o(x^{n-1}).$$

(2) 若

$$f'(x) = A_1 + A_2(x-a) + \cdots + A_n(x-a)^{n-1} + o(x^{n-1}),$$

则必存在常数 $a_0$, 使得

$$f(x) = a_0 + A_1(x-a) + \cdots + \frac{A_n}{n}(x-a)^n + o(x^n).$$

**例 4.30** 写出 $\ln(1+x)$ 的麦克劳林展开式.

**解** 直接计算得

$$\frac{1}{1+x} = \sum_{k=0}^{n} (-x)^k + (-x)^{n+1} \frac{1}{1+x} = \sum_{k=0}^{n} (-x)^k + o(x^n),$$

而

$$(\ln(1+x))' = \frac{1}{1+x}, \quad \ln 1 = 0,$$

因此

$$\ln(1+x) = -\sum_{k=1}^{n+1} \frac{(-x)^k}{k} + o(x^{n+1}).$$

讨论带小 $o$ 余项的泰勒展开式, 其中核心的事情是抓住小 $o$ 的定义. 例如, 我们可以通过下述命题来体会变量变换的用处. 以下不妨假设函数有充分好的 (高阶) 可导性.

若 $f(x) = \sum_{k=0}^{n} a_k x^k + o(x^n)$, 则

$$f(\alpha x + \beta) = \sum_{k=0}^{n} a_k (\alpha x + \beta)^k + o((\alpha x + \beta)^n)$$

$$= \sum_{k=0}^{n} a_k \alpha^k \left(x + \frac{\beta}{\alpha}\right)^k + o\left(\left(x + \frac{\beta}{\alpha}\right)^n\right),$$

以及

$$f(x^2) = \sum_{k=0}^{n} a_k x^{2k} + o(x^{2n}).$$

证明上述命题的核心在于小 $o$ 部分. 例如, 对于第二个式子, 我们做变量代换 $y = x^2$,

$$\lim_{x \to 0} \frac{f(x^2) - \sum_{k=0}^{n} a_k x^{2k}}{x^{2n}} = \lim_{y \to 0} \frac{f(y) - \sum_{k=0}^{n} a_k y^k}{y^n} = 0.$$

泰勒公式的一个应用就是给出极值判断的充分条件.

**定理 4.21 (极值的第三充分条件)** 函数 $f(x)$ 在 $U(x_0)$ 有定义, 在 $x = a$ 点 $n$ 阶可导, 且

$$f'(x_0) = \cdots = f^{(n-1)}(x_0) = 0, \quad f^n(x_0) \neq 0,$$

则

(1) 若 $n$ 为偶数, 则 $f(x)$ 在 $x_0$ 点取到严格极值, 且若 $f^{(n)}(x_0) > 0$, 为严格极小值, 若 $f^{(n)}(x_0) < 0$, 为严格极大值;

(2) 若 $n$ 为奇数, 则 $x_0$ 点不是极值点.

**证明**　对于函数 $\varphi(h) = A(h^n) + o(h^n)$, 若 $A \neq 0$, 由

$$\lim_{h \to 0} \frac{\varphi(h) - Ah^n}{h^n} = 0,$$

知

$$\lim_{h \to 0} \frac{\varphi(h)}{Ah^n} = 1.$$

取 $\varepsilon = \frac{1}{2} > 0, \exists \delta > 0, \forall |h| < \delta, \frac{\varphi(h)}{Ah^n} > \frac{1}{2}$. 因此, $\varphi(h)$ 与 $Ah^n$ 同号 (保号性).

由定理假设和泰勒公式, 我们知道

$$f(x) = \frac{f^{(n)}(x_0)}{n!}(x - x_0)^n + o((x - x_0)^n),$$

再利用上述保号性, 容易得到在 $n$ 的奇偶性假设下相应的结论 (过程略).

泰勒公式可以理解成小 $o$ 铺开的一层一层越来越细的网. 在铺开 $o(x - a)$ 这层网时, $f(a) + f'(a)(x - a)$ 不能从网上漏下去, 于是一阶泰勒展开 (就是微分) 就得到了. 继续铺开 $o((x - a)^2)$ 这层网时, $\frac{f''(a)}{2!}(x - a)^2$ 就露出来了. 这样一层一层铺开, 越来越多的项就水落石出了.

### 4.6.2　带拉格朗日余项的泰勒公式

上述带皮亚诺余项的泰勒公式只在 "无穷小" 的意义下成立, 也就是说, 是一个 ($n$ 阶) 无穷小增量公式[1]. 如果对函数的可导性稍稍提高一点要求, 我们可以有有限增量的泰勒公式, 即带拉格朗日余项的泰勒公式.

首先, 我们证明以下引理.

**引理 4.1**　若函数 $\varphi(x)$ 在区间 $I$ 上 $n$ 阶连续可导, 在 $I^0$ 上 $(n+1)$ 阶可导, $a, x \in I$. 若

$$\varphi(a) = \varphi'(a) = \cdots = \varphi^{(n)}(a) = 0,$$

则存在 $\xi \in (a, x) \cup (x, a)$, 满足

$$\varphi(x) = \frac{\varphi^{(n+1)}(\xi)}{(n+1)!}(x - a)^{n+1}.$$

---

[1]如果我们想得到用 $P_n(x)$ 近似 $f(x)$ 究竟有多大误差, 小 $o$ 余项其实是没用的, 因为原则上说 $x - a \neq 0$ 就意味着 $(x - a)$ 并非无穷小. 其次, 小 $o$ 并不告诉我们余项 $(x - a)^n$ 前面的系数有多大.

**证明** 考察函数 $\psi(x) = (x-a)^{n+1}$, 反复使用柯西中值定理, 有 (下面各式分子分母同为 0 的验证略)

$$\frac{\varphi(x)}{\psi(x)} = \frac{\varphi(x) - \varphi(a)}{\psi(x) - \psi(a)} = \frac{\varphi'(\xi_1)}{\psi'(\xi_1)}, \quad \xi_1 \in (a, x) \cup (x, a),$$

$$\frac{\varphi'(\xi_1)}{\psi'(\xi_1)} = \frac{\varphi'(\xi_1) - \varphi'(a)}{\psi'(\xi_1) - \psi'(a)} = \frac{\varphi''(\xi_2)}{\psi''(\xi_2)}, \quad \xi_2 \in (a, \xi_1) \cup (\xi_1, a),$$

$$\cdots\cdots$$

$$\frac{\varphi^{(n)}(\xi_n)}{\psi^{(n)}(\xi_n)} = \frac{\varphi^{(n)}(\xi_n) - \varphi^{(n)}(a)}{\psi^{(n)}(\xi_n) - \psi^{(n)}(a)} = \frac{\varphi^{(n+1)}(\xi)}{\psi^{(n+1)}(\xi)} = \frac{\varphi^{(n+1)}(\xi)}{(n+1)!},$$

其中 $\xi \in (a, \xi_n) \cup (\xi_n, a) \subset (a, x) \cup (x, a)$.

令辅助函数为

$$\varphi(x) = f(x) - f(a) - \cdots - \frac{f^{(n)}(a)}{n!}(x-a)^n,$$

即可证明下述定理.

**定理 4.22 (带拉格朗日余项的泰勒公式)** 若在区间 $I$ 上, 函数 $f(x) \in C^n(I)$, 且在 $I^0$ 上 $(n+1)$ 阶可导, $a, x \in I$, 则

$$f(x) = f(a) + \cdots + \frac{f^{(n)}(a)}{n!}(x-a)^n + \frac{f^{(n+1)}(\xi)}{(n+1)!}(x-a)^{n+1}, \quad \xi \in (a, x) \cup (x, a).$$

有时候, 我们也把余项所在的点写成

$$\xi = a + \theta(x-a) = (1-\theta)a + \theta x, \quad \theta \in (0, 1).$$

**例 4.31**

$$e^x = \sum_{k=0}^{n} \frac{x^k}{k!} + \frac{e^\xi}{(n+1)!}x^{n+1}, \xi \in (0, x) \cup (x, 0).$$

**例 4.32** e 是无理数.

**证明** 否则, 令 $e = \dfrac{p}{q}$, $(p, q) = 1$, 取 $n = \max\{q, 3\}$.

在上面的例子中取 $x = 1$. 由 $\xi \in (0, 1)$ 知

$$1 < e^\xi < 3.$$

于是有

$$n!e = n! \cdot \left( \sum_{k=0}^{n} \frac{1}{k!} + \frac{e^\xi}{(n+1)!} \right),$$

除了最后一项为

$$\frac{\mathrm{e}^\xi}{n+1} \in (0,1),$$

其他项均为整数. 因此上式不是整数.

另一方面, $n! \cdot \dfrac{p}{q}$ 为整数. 矛盾.

### 4.6.3 泰勒级数

**定义 4.4** 若 $f(x) \in C^\infty(I)$, $a \in I$, $x \in I$, 考虑

$$F_n(x) = \sum_{k=0}^{n} \frac{f^{(k)}(a)}{k!}(x-a)^k.$$

如果 $\lim\limits_{n \to \infty} F_n(x) = f(x)$, 则称

$$F_n(x) = \sum_{k=0}^{\infty} \frac{f^{(k)}(a)}{k!}(x-a)^k$$

为 $f(x)$ 在 $I$ 上的泰勒级数 ($a = 0$ 时称为麦克劳林级数).

要定义好泰勒级数, 有两个方面的考虑: 一是上述级数收敛, 二是收敛到函数值本身. 特别值得指出的是, 即便级数收敛也未必一定收敛到函数值, 例如光滑子在 $x = 0$ 的各阶导数均为 0, 故展开式恒为 0, 是收敛的, 但并不收敛到函数值.

**引理 4.2** 若 $\exists H, Q > 0$, $N \in \mathbb{N}$, $\forall x \in I$, $n > N$, $|f^{(n)}(x)| \leqslant HQ^n$, 则

$$\lim_{n \to \infty} (f(x) - F_n(x)) = 0.$$

**证明**

$$\begin{aligned}
|R_{n+1}(x)| &= |f(x) - F_n(x)| \\
&= \left| \frac{f^{(n+1)}(a + \theta(x-a))}{(n+1)!}(x-a)^{n+1} \right| \\
&\leqslant H \frac{(Q(x-a))^{n+1}}{(n+1)!} \to 0.
\end{aligned}$$

例如

$$\mathrm{e}^x = \sum_{n=0}^{\infty} \frac{x^n}{n!},$$

$$\sin x = \sum_{n=0}^{\infty} \frac{(-1)^n}{(2n+1)!} x^{2n+1},$$

$$\cos x = \sum_{n=0}^{\infty} \frac{(-1)^n}{(2n)!} x^{2n},$$

对于任何 $x$ 都是收敛的, 而且后者可以作为正弦和余弦函数的定义.

这样, 上述定义也给出了欧拉公式:

$$e^{ix} = \cos x + i \sin x.$$

一般而言, 泰勒级数的收敛只对 $a$ 点邻近一定范围内的 $x$ 收敛. 譬如,

$$\frac{1}{1+x} = \sum_{n=1}^{\infty} (-x)^n,$$

对于 $|x| < 1$ 容易证明是收敛的, 但对于 $x = 1$ 就已经发散了, 这时我们称该泰勒级数收敛半径为 1.

用定义找到泰勒级数并不总是这么容易, 关键在于高阶导数不好求. 例如, 考虑 $\arctan x$, 我们知道其导数为 $\dfrac{1}{1+x^2}$. 一般地, 我们可以递归地定义

$$(\arctan x)^{(2m+1)} = \frac{P_m(x^2)}{(1+x^2)^{2m+1}},$$
$$(\arctan x)^{(2m+2)} = \frac{x Q_m(x^2)}{(1+x^2)^{2m+2}},$$

有 $P_0(x^2) = 1, Q_0(x^2) = -2$ 以及

$$P_{m+1}(x^2) = -2[x^2 Q_m(x^2) + (1+x^2)P_m(x^2)],$$
$$Q_{m+1}(x^2) = -2[P_{m+1}(x^2) + (1+x^2)Q_m(x^2)].$$

但一般的显式表达式还是不容易求出来的. 当然, 在 0 处的表达式相对简单一些.

我们采用另一个办法, 注意到对于 $|x| < 1$, 级数 $\displaystyle\sum_{n=0}^{\infty} (-1)^n x^{2n}$ 收敛于 $\dfrac{1}{1+x^2}$, 可以知道, 下式收敛于 $\arctan x$, 且对于 $|x| \leqslant 1$ 收敛, 另外还有

$$\arctan x = \sum_{n=0}^{N} \frac{(-1)^n}{2n+1} x^{2n+1} + (-1)^{N+1}\left[\frac{x^{2N+3}}{2N+3} - \frac{x^{2N+5}}{2N+5}\right] + \cdots,$$

因而当 $N$ 为偶数, 余项为负, 而当 $N$ 为奇数, 余项为正.

我们断言

$$|R_{N+1}| \leqslant \frac{|x|^{2N+3}}{2N+3}.$$

可以用该式来近似计算 $\pi$. 例如, 我们知道 $\pi = 6\arctan\dfrac{1}{\sqrt{3}}$, 取 $N = 3$, 误差不大于

$$6 \cdot \frac{(1/\sqrt{3})^9}{9} = \frac{2}{273\sqrt{3}} < 10^{-2}.$$

事实上,

$$6 \cdot \left( \frac{1}{\sqrt{3}} - \frac{1}{3\sqrt{3^3}} + \frac{1}{5\sqrt{3^5}} - \frac{1}{7\sqrt{3^7}} \right) = 3.138.$$

我们还可以选择更小的角度近似计算 $\pi$, 收敛的速度更快.

## 4.7  导数的其他应用

导数是一个非常系统而好用的研究手段, 下面我们介绍导数在研究数学问题中的一些其他应用.

### 4.7.1  函数的凹凸性质

从几何上看, 一个凸的函数所有的弦都在曲线的同一侧. 用代数的语言来陈述, 就是以下定义.

**定义 4.5**  若 $f(x)$ 在区间 $I$ 上有定义, 且 $\forall x_1, x_2 \in I$, $\forall \lambda \in (0,1)$, 有

$$f(\lambda x_1 + (1-\lambda)x_2) \leqslant \lambda f(x_1) + (1-\lambda)f(x_2),$$

则称 $f(x)$ 在 $I$ 下凸. 若

$$f(\lambda x_1 + (1-\lambda)x_2) \geqslant \lambda f(x_1) + (1-\lambda)f(x_2),$$

则称 $f(x)$ 在 $I$ 上凸. 若上述不等号为严格不等, 则称为严格下 (上) 凸.

值得注意的是, 我们说的上凸相当于日常语言里的凸, 而下凸相当于日常语言里的凹. 考虑到典型函数如 $f(x) = x^2$ 的图像, 下凸 (即凹) 是从代数的角度去看 "更自然" 的. 如图 4.8 所示, 有以下凹凸性判定定理.

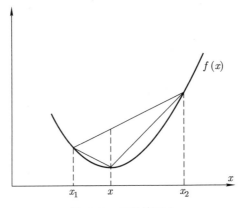

图 4.8  函数的凹凸

**定理 4.23** 若 $f(x)$ 在区间 $I$ 上有定义, 则下述说法等价:

(1) $f(x)$ 在 $I$ 下凸;

(2) $\forall x_1, x_2 \in I, \forall x \in (x_1, x_2)$, 有

$$f(x) \leqslant \frac{x_2 - x}{x_2 - x_1} f(x_1) + \frac{x - x_1}{x_2 - x_1} f(x_2);$$

(3) $\forall x_1, x_2 \in I, \forall x \in (x_1, x_2)$, 有

$$\begin{vmatrix} 1 & x_1 & f(x_1) \\ 1 & x & f(x) \\ 1 & x_2 & f(x_2) \end{vmatrix} \geqslant 0;$$

(4) $\forall x_1, x_2 \in I, \forall x \in (x_1, x_2)$, 有

$$\frac{f(x) - f(x_1)}{x - x_1} \leqslant \frac{f(x_2) - x_1}{x_2 - x_1} \leqslant \frac{f(x_2) - f(x)}{x_2 - x};$$

(5) $\forall x_1, x_2 \in I, \forall x \in (x_1, x_2)$, 有

$$\frac{f(x) - f(x_1)}{x - x_1} \leqslant \frac{f(x_2) - f(x)}{x_2 - x}.$$

**证明** (1) $\Rightarrow$ (2): 在下凸的定义中取 $\lambda = \dfrac{x_2 - x}{x_2 - x_1}$ 即得.

(2) $\Rightarrow$ (3): 展开 (2) 可得

$$-(x_2 - x_1)f(x) + (x_2 - x)f(x_1) + (x - x_1)f(x_2) \geqslant 0,$$

此即

$$\begin{vmatrix} 1 & x_1 & f(x_1) \\ 1 & x & f(x) \\ 1 & x_2 & f(x_2) \end{vmatrix} \geqslant 0.$$

(3) $\Rightarrow$ (4):

$$\begin{vmatrix} 1 & x_1 & f(x_1) \\ 1 & x & f(x) \\ 1 & x_2 & f(x_2) \end{vmatrix} = \begin{vmatrix} 1 & x_1 & f(x_1) \\ 0 & x - x_1 & f(x) - f(x_1) \\ 0 & x_2 - x_1 & f(x_2) - f(x_1) \end{vmatrix}$$

$$= (x - x_1)(f(x_2) - f(x_1)) - (x_2 - x_1)(f(x) - f(x_1))$$

$$\geqslant 0,$$

故

$$\frac{f(x) - f(x_1)}{x - x_1} \leqslant \frac{f(x_2) - f(x_1)}{x_2 - x_1}.$$

类似地, 行列式按照第 $1, 2$ 行消元则得另一半不等式.

(4) $\Rightarrow$ (5): 显然.

(5) $\Rightarrow$ (1): $\forall x_1, x_2 \in I, \forall \lambda \in (0, 1)$, 取

$$x = \lambda x_1 + (1 - \lambda) x_2 \in (x_1, x_2),$$

由

$$\frac{f(x) - f(x_1)}{x - x_1} \leqslant \frac{f(x_2) - f(x)}{x_2 - x}$$

知

$$f(x)((x_2 - x) + (x - x_1)) \leqslant (x - x_1) f(x_2) + (x_2 - x) f(x_1),$$

此即

$$f(x) \leqslant \lambda f(x_1) + (1 - \lambda) f(x_2).$$

在这个定理中, 条件 (2) 是说 $f(x)$ 位于相应的割线 (弦) 的下方. 条件 (3) 是说按照 $(x_1, f(x_1)), (x, f(x)), (x_2, f(x_2))$ 顺序构成三角形的代数面积为正 (即顶点为逆时针顺序排列). 条件 (4) 是说这三点构成的边 (曲线的三条割线) 的斜率顺次增加. 条件 (5) 是说其中两条割线的斜率关系.

下凸的定义分析了曲线上两点的一个线性插值与相应的函数值之间的大小关系, 事实上, 对于多点这样的比较也同样成立. 这就是以下的詹森(Jensen) 不等式.

**定理 4.24 (詹森不等式)**   若 $f(x)$ 在 $I$ 下凸, 对于任意 $n$ 个点 $x_1, \cdots, x_n \in I$, 以及任意 $n$ 个总和为 1 的非负实数 $\alpha_1, \cdots, \alpha_n$, 有

$$f(\alpha_1 x_1 + \cdots + \alpha_n x_n) \leqslant \alpha_1 f(x_1) + \cdots + \alpha_n f(x_n).$$

(若函数严格凸, 则该不等式也是严格的).

**证明**   我们通过数学归纳法加以证明.

首先, $n = 2$ 时, 按照下凸的定义结论成立.

其次, 如果 $n = p$ 时结论成立, 则当 $n = p + 1$ 时, 令 $\lambda = \alpha_{p+1}$, 于是 $1 - \lambda = \sum\limits_{k=1}^{p} \alpha_k$.

于是由 $x_1, \cdots, x_p \in I$ 知 $x^* = \sum\limits_{k=1}^{p} \dfrac{\alpha_k}{1 - \lambda} x_k \in I$.

由凸性以及归纳假设知道

$$
\begin{aligned}
f\left(\sum_{k=1}^{p+1} \alpha_k x_k\right) &= f((1-\lambda)x^* + \lambda x_{p+1}) \\
&\leqslant (1-\lambda)f(x^*) + \lambda f(x_{p+1}) \\
&= (1-\lambda)f\left(\sum_{k=1}^{p} \frac{\alpha_k}{1-\lambda}x_k\right) + \alpha_{p+1}f(x_{p+1}) \\
&\leqslant (1-\lambda)\sum_{k=1}^{p} \frac{\alpha_k}{1-\lambda}f(x_k) + \alpha_{p+1}f(x_{p+1}) \\
&= \sum_{k=1}^{p+1} \alpha_k f(x_k).
\end{aligned}
$$

如果函数在区间上有一定的连续可导性质, 我们用导数来把握其凹凸性.

如果函数一阶可导, 我们有以下结论.

**定理 4.25** 若 $f(x)$ 在区间 $I$ 有定义, 在 $I^0$ 可导, 则 $f(x)$ 在区间 $I$ 下凸等价于它的导函数在 $I$ 单调升 (严格下凸等价于导数严格单调升).

**证明** $\Rightarrow$: 关于任取的一组点 $x_1 < x < \tilde{x} < x_2$, 由上述等价条件 (5), 知

$$
\frac{f(x) - f(x_1)}{x - x_1} \leqslant \frac{f(\tilde{x}) - f(x)}{\tilde{x} - x} < \frac{f(x_2) - f(\tilde{x})}{x_2 - \tilde{x}}.
$$

取极限 $\lim\limits_{x_1 \to x^-}$, $\lim\limits_{x_2 \to \tilde{x}^+}$, 由函数的可导性可得

$$
f'(x) = f'(x^-) \leqslant f'(\tilde{x}^+) = f'(\tilde{x}).
$$

$\Leftarrow$: $\forall x_1 < x_2 \in I$, $\forall x \in (x_1, x_2) \subset I^0$, 由拉格朗日中值定理知

$$
\frac{f(x) - f(x_1)}{x - x_1} = f'(\xi_1),
$$
$$
\frac{f(x_2) - x}{x_2 - x} = f'(\xi_2),
$$

而且 $\xi_1 \in (x_1, x), \xi_2 \subset (x, x_2)$, 于是 $\xi_1 \leqslant \xi_2$, 由 $f'(x)$ 单调升知 $f'(\xi_1) \leqslant f'(\xi_2)$. 因此有

$$
\frac{f(x) - f(x_1)}{x - x_1} \leqslant \frac{f(x_2) - f(x)}{x_2 - x}.
$$

如果函数二阶可导, 我们可以直接用二阶导数来刻画凹凸性.

**定理 4.26** 若 $f(x) \in C(I)$, 在 $I^0$ 二阶可导, 则 $f(x)$ 在区间 $I$ 下凸当且仅当 $f''(x) \geqslant 0, \forall x \in I^0$. 严格下凸的等价条件为二阶导数非负, 且不在任何开子区间上为 0.

**定义 4.6** 凹凸性发生改变的点称为函数的拐点.

由之前关于单调性与导数之间关系的讨论, 可以得到以下一系列结论.

**定理 4.27** $f(x)$ 在 $U(x_0, \eta)$ 上有定义, 在 $x_0$ 二阶可导, 若 $x_0$ 为 $f(x)$ 的拐点, 则必有 $f''(x_0) = 0$.

**定理 4.28** $f(x)$ 在 $U(x_0, \eta)$ 上二阶可导, $f''(x_0) = 0$, 若 $f''(x)$ 在过 $x_0$ 点时改变符号, 则它是拐点.

**定理 4.29** $f(x)$ 在 $x_0$ 上三阶可导, $f''(x_0) = 0$, $f'''(x_0) \neq 0$, 则 $x_0$ 是拐点.

**例 4.33** $f(x) = \sin x$.

**解** 求导可知

$$(\sin x)'' = -\sin x, \quad (\sin x)''' = -\cos x.$$

二阶导数为 0 的点是 $k\pi, k \in \mathbb{Z}$, 而且这些点处的三阶导数均非 0. 因此它们都是拐点.

### 4.7.2 不等式

在学习了导数后, 我们证明不等式的工具更多了, 如中值定理、泰勒公式、单调性与极值以及凹凸性等.

**例 4.34** 求证 $\dfrac{x}{1+x} \leqslant \ln(1+x) \leqslant x(x > 0)$.

**证明** 方法一. 由中值定理, $\exists \theta \in (0, 1)$, 满足

$$\ln(1+x) = \ln(1+x) - \ln(1+0) = \frac{1}{1+\theta x}x,$$

而

$$\frac{1}{1+x} \leqslant \frac{1}{1+\theta x} \leqslant 1.$$

因此, 求证的不等式成立.

注意: 可以考虑 $-1 < x < 0$, 此时有

$$\frac{1}{1+x} \geqslant \frac{1}{1+\theta x} \geqslant 1,$$

因此上述不等式仍成立.

方法二. 考察

$$f(x) = \ln(1+x) - x,$$

计算可得

$$f'(x) = \frac{1}{x+1} - 1.$$

分析符号知 0 为极大值点, 于是

$$f(x) \leqslant f(0) = 0.$$

再考察

$$g(x) = \ln(1+x) - \frac{x}{1+x},$$

求导可知

$$g'(x) = \frac{x}{(x+1)^2},$$

于是 0 为极小值点,

$$g(x) \geqslant g(0) = 0.$$

综上, 求证的不等式成立.

方法三. 上述 $f(x) = \ln(1+x) - x$ 求二阶导数知严格上凸, 可判断极值

$$f(x) \leqslant f(0) = 0.$$

类似处理 $g(x)$.

**例 4.35** 求证: $e^x \geqslant 1 + x$.

**证明** 由泰勒公式, $\exists \theta \in (0,1)$,

$$e^x = 1 + x + \frac{x^2}{2} e^{\theta x} \geqslant 1 + x.$$

**例 4.36** 对于任意 $n$ 个点 $x_1, \cdots, x_n > 0$, 以及任意 $n$ 个总和为 1 的非负实数 $\alpha_1, \cdots, \alpha_n$, 求证:

$$\alpha_1 x_1 + \cdots + \alpha_n x_n \geqslant x_1^{\alpha_1} \cdots x_n^{\alpha_n}.$$

**证明** 考察函数 $f(x) = \ln x$, 由其二阶导数

$$f''(x) = -\frac{1}{x^2} < 0$$

知为上凸函数.

由詹森不等式

$$\ln(\alpha_1 x_1 + \cdots + \alpha_n x_n) \geqslant \alpha_1 \ln x_1 + \cdots + \alpha_n \ln x_n,$$

取指数可得

$$\alpha_1 x_1 + \cdots + \alpha_n x_n \geqslant x_1^{\alpha_1} \cdots x_n^{\alpha_n}.$$

这个例子的特殊情况 $\alpha_1 = \cdots = \alpha_n = \dfrac{1}{n}$ 就是算术平均值–几何平均值不等式.

**例 4.37 (霍尔德 (Hölder) 不等式)** 任意 $2n$ 个数 $a_1, \cdots, a_n \geqslant 0$, 且不全为 $0$; $b_1, \cdots, b_n \geqslant 0$, 也不全为 $0$. 若 $p, q > 0$, 满足 $\dfrac{1}{p} + \dfrac{1}{q} = 1$, 求证:

$$\sum_{k=1}^{n} a_k b_k \leqslant \left( \sum_{k=1}^{n} a_k^p \right)^{\frac{1}{p}} \left( \sum_{k=1}^{n} b_k^p \right)^{\frac{1}{q}}.$$

**证明** 由上一个例子知, 若 $x, y > 0$, 则

$$x^{\frac{1}{p}} y^{\frac{1}{q}} \leqslant \frac{x}{p} + \frac{y}{q}.$$

特别地, 取

$$x = \frac{a_i^p}{\displaystyle\sum_{k=1}^{n} a_k^p}, \quad y = \frac{b_i^q}{\displaystyle\sum_{k=1}^{n} b_k^q},$$

就有

$$\left( \frac{a_i^p}{\displaystyle\sum_{k=1}^{n} a_k^p} \right)^{\frac{1}{p}} \left( \frac{b_i^q}{\displaystyle\sum_{k=1}^{n} b_k^q} \right)^{\frac{1}{q}} \leqslant \frac{1}{p} \cdot \frac{a_i^p}{\displaystyle\sum_{k=1}^{n} a_k^p} + \frac{1}{q} \cdot \frac{b_i^q}{\displaystyle\sum_{k=1}^{n} b_k^q}.$$

关于 $i$ 求和, 并将其换为 $k$ 可得

$$\frac{\displaystyle\sum_{k=1}^{n} a_k b_k}{\left( \displaystyle\sum_{k=1}^{n} a_k^p \right)^{\frac{1}{p}} \left( \displaystyle\sum_{k=1}^{n} b_k^p \right)^{\frac{1}{q}}} \leqslant \frac{1}{p} + \frac{1}{q} = 1.$$

### 4.7.3 函数作图

在学习了导数以后, 我们对于函数的刻画有了一些新的工具: 一阶导数告诉我们函数的升降与极值; 二阶导数告诉我们函数的凹凸性质与拐点. 此外, 函数的零点、渐近线、对称性等往往也是我们比较看重的性质. 可以说, 函数作图是导数的一个比较全面的应用.

这里值得指出的是, 对于函数作图这样一个 "任务目标", 我们实现得怎样, 取决于操作手段以及判断手段. 如果我们有计算机, 那么只要把各点的值求出来画出即可. 如果徒手画图, 我们就不可能逐点取值来画. 如果单调性、凹凸性这样的性质画错了, 我们会认为画得不好. 但三阶导数如何, 肉眼一般是辨别不出来的.

另外, 当我们有了计算机, 为什么还要手动画图? 其实, 计算机画图并非总能给我们所需要的结果. 例如, 一个初等函数 $\sin x$, 我们在 $[-2\pi, 2\pi]$ 画也就基本满足帮助把握这个函数的要求了, 但是

$$\frac{e^{-x} + 12e^x \sin x}{e^{-2x} + 24e^{2x} \cos x}$$

应该在什么范围内作图就不那么明显了. 而对于 $e^x \sin \dfrac{1}{x}$, 从前面关于极限的讨论, 我们就需要在 0 附近非常小心地作图. 可以说, 计算机不怕烦, 但是只有我们帮助它搞清楚哪些地方需要用不怕烦的劲头做下去, 才能更有效地发挥计算机的长处.

首先讨论一下函数的渐近线. 容易知道, 函数 $y = f(x)$ 上一点 $(x, y)$ 到直线 $ax + by + c = 0$ 的距离一般可以表示为

$$d(x) = \frac{|ax + bf(x) + c|}{\sqrt{a^2 + b^2}}.$$

所谓渐近线, 就是指

$$\lim_{x \to \infty} d(x) = 0.$$

因此我们就是要找出适当的系数 $a, b, c$, 满足这一极限的条件. 我们可以通过归一化, 把直线方程改写为点斜式[①]

$$y = kx + b,$$

并要求极限满足

$$\lim_{x \to \infty} (f(x) - kx - b) = 0.$$

这可以通过两步求得:

$$\lim_{x \to \infty} \frac{f(x) - kx - b}{x} = \lim_{x \to \infty} \frac{f(x)}{x} - k = 0,$$

以及

$$\lim_{x \to \infty} (f(x) - kx - b) = 0.$$

需要注意的是, 上述求法不能用来解决垂直渐近线, 即 $k = \infty$ 的情形. 这时, 我们应该考虑的是 $f(x)$ 的奇点 $x_0$, 而渐近线为 $x = x_0$.

下面用一个例子来介绍作图过程.

**例 4.38** $f(x) = \dfrac{x^2}{1+x}.$

_____

[①]垂直渐近线不能这样归一化, 因此需要单独讨论.

**解**

(1) 确定定义域为 $\mathbb{R} \setminus \{-1\}$.

(2) 对称性 (奇偶性与周期性, 等): 无周期性, 非奇函数也非偶函数.

(3) 渐近线: 有垂直渐近线 $x = -1$, 事实上

$$\lim_{x \to -1} \frac{x^2}{1+x} = \pm\infty;$$

另一方面,

$$\lim_{x \to \infty} \frac{f(x)}{x} = 1,$$

而

$$\lim_{x \to \infty} (f(x) - x) = \lim_{x \to \infty} \frac{-x}{1+x} = -1,$$

故有渐近线 $y = x - 1$.

(4) 求导:

$$f'(x) = \frac{2x(1+x) - x^2}{(1+x)^2} = \frac{x^2 + 2x}{(1+x)^2},$$

求根知道临界点为 $0, -2$.

(5) 二阶导数:

$$f''(x) = \left( -\frac{1}{(x+1)^2} \right) = \frac{2}{(x+1)^3},$$

由此知无拐点.

(6) 有时我们还选一些点计算函数值以帮助作图, 例如 $f(2) = 2$.

列表加以讨论 (见表 4.1). 最后作出的图见图 4.9.

**表 4.1** 函数 $f(x) = \dfrac{x^2}{1+x}$

| $x$ | $(-\infty, -2)$ | $-2$ | $(-2, -1)$ | $(-1, 0)$ | $0$ | $(0, +\infty)$ |
|---|---|---|---|---|---|---|
| $f'(x)$ | + | 0 | − | − | 0 | + |
| $f''(x)$ | − | − | − | + | + | + |
| $f(x)$ | 单增上凸 | −4 | 单减上凸 | 单减下凸 | 0 | 单增下凸 |
| 备注 | | 极大 | | | 极小 | |

从图形中我们注意到, 函数图像关于 $(-2, -1)$ 点中心对称.

### 4.7.4 方程近似求解

方程求解是数学发展过程中历久弥新的中心课题之一.

对于代数方程, 一般而言我们无法得到求根公式, 甚至往往连解的存在性以及个数都不得而知.

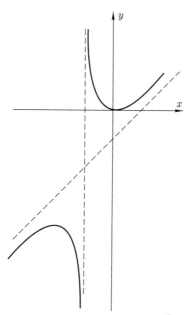

**图 4.9  函数作图:** $f(x) = \dfrac{x^2}{1+x}$

一个重要的特殊问题是线性多元方程组, 克莱默法则 (Cramer's rule) 给出了系数矩阵非奇异条件下解的存在唯一性和表达式.

对于一元方程, 一次方程

$$ax + b = 0$$

的解为 $x = -\dfrac{b}{a}$.

二次方程

$$ax^2 + bx^2 + c = 0,$$

的解为 $x = \dfrac{-b \pm \sqrt{b^2 - 4ac}}{2a}$.

三次方程

$$ax^3 + bx^2 + cx + d = 0$$

可先通过变换 $\tilde{x} = x + \dfrac{b}{3a}$ 化为形如

$$\tilde{x}^3 + 3p\tilde{x} + q = 0$$

的方程, 然后令 $\tilde{x} = \omega - \dfrac{p}{\omega}$, 得到

$$\omega^3 - \dfrac{p^3}{\omega^3} + q = 0,$$

再通过二次方程求根公式求出 $\omega$, 代入即可求得 $x$. 这就是著名的卡尔达诺 (Cardano) 公式.

四次方程更为复杂一些, 有费拉里 (Ferrari) 公式. 五次及以上方程不可公式求解, 这从伽罗瓦 (Galois) 理论可以知道.

对于超越方程如 $x = \tan x$, 我们完全不能期待公式求解.

但是有一些初等的办法可以用来尝试求方程 $f(x) = 0$ 的近似解, 如二分法、不动点方法等. 前者是利用连续函数介值定理, 不断缩小根所在的区间, 计算量一般很大 (除非运气好). 后者则是把方程改写为 $x = g(x)$ 的等价形式[①], 如果

$$|g'(x)| \leqslant \alpha < 1,$$

那么 $x_{n+1} = g(x_n)$ 会形成一个收敛序列, 其极限就是 $f(x) = 0$ 的一个根, 而迭代有限次就得到一个近似根.

事实上, 我们有

$$\frac{|x_{n+1} - x_n|}{|x_n - x_{n-1}|} = \frac{|g(x_n) - g(x_{n-1})|}{|x_n - x_{n-1}|} = |g'(\xi)| < 1.$$

我们将在 $\mathbb{R}^n$ 和距离空间那章介绍巴拿赫 (Banach) 不动点定理, 断言这样的迭代收敛.

一种特殊的不动点映射是牛顿迭代法, 其基本出发点是局部线性近似

$$f(x) \approx f(x_n) + f'(x_n)(x - x_n),$$

对此求根得到

$$x_{n+1} = x_n - \frac{f(x_n)}{f'(x_n)},$$

见图 4.10. 事实上, 这相当于定义了

$$g(x) = x - \frac{f(x)}{f'(x)}.$$

它的不动点当然给出 $f(x)$ 的根. 问题是, 何时该迭代收敛? 收敛得有多快? 这些都可以用函数的导数性质来确定.

**定理 4.30**　若 $f(x) \in C^2[a, b], f(a)f(b) < 0$, 且 $f'(x), f''(x) \neq 0, \forall x \in [a, b]$. 取 $x_0 \in [a, b]$, 若

$$f(x_0)f''(x_0) > 0,$$

---

[①]满足 $x = g(x)$ 的 $x$ 称为 $g(x)$ 的不动点.

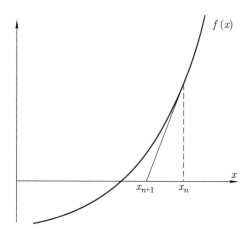

**图 4.10 方程近似求根: 牛顿迭代法**

则牛顿迭代法的近似解序列 $\{x_n\}$ 收敛, 且

$$|x_{n+1} - c| \leqslant \frac{M}{2m}|x_n - c|^2,$$

其中 $m = \inf\limits_{x \in [a,b]} |f'(x)|, M = \sup\limits_{x \in [a,b]} |f''(x)|$[①].

**证明** 首先, 由连续函数介值定理, $f(x)$ 在 $(a,b)$ 上有根, 记为 $c$, 则 $f(c) = 0$.

再由 $f(x) \in C^2[a,b]$ 且 $f'(x), f''(x) \neq 0$ 知, $f'(x), f''(x)$ 在该区间定号. 不妨设 $f'(x) > 0, f''(x) > 0$ (单调递增的下凸函数), 由 $f(x_0)f''(x_0) > 0$ 知 $f(x_0) > 0$, 于是由单调性知 $x_0 > c$.

考察 $x_1 = g(x_0) = x_0 - \dfrac{f(x_0)}{f'(x_0)} < x_0$.

计算可得

$$g'(x) = \frac{ff''}{(f')^2}.$$

因此, $\exists \xi \in (c, x_0)$,

$$\begin{aligned}
x_1 - c &= g(x_0) - g(c) \\
&= g'(\xi)(x_0 - c) \\
&= \frac{f(\xi)f''(\xi)}{(f'(\xi))^2}(x_0 - c) \\
&> 0.
\end{aligned}$$

综上 $x_0 > x_1 > c$, 并且由单调性 $f(x_1)f''(x_1) > 0$.

---

[①]这称作二阶收敛.

归纳可知, $\{x_n\}$ 单调降, 由单调收敛原理知其收敛.

对于收敛速度, 我们可从带拉格朗日余项的泰勒展开

$$f(c) = f(x_n) + f'(x_n)(c - x_n) + \frac{f''(\xi)}{2}(c - x_n)^2, \quad \xi \in (x_n, c) \cup (c, x_n)$$

得到

$$|x_{n+1} - c| = \frac{f''(\xi)}{2f'(x_n)}(c - x_n)^2.$$

于是

$$|x_{n+1} - c| \leqslant \frac{M}{2m}|x_n - c|^2.$$

**例 4.39** $f(x) = x^2 - 2$.

**解** $f'(x) = 2x$, 故牛顿迭代法给出

$$\begin{aligned}
x_{n+1} &= x_n - \frac{x_n^2 - 2}{2x_n} \\
&= \frac{x_n}{2} + \frac{1}{x_n} \\
&= \frac{1}{2}\left(x_n + \frac{2}{x_n}\right).
\end{aligned}$$

我们以 $[0, 2]$ 区间为例进行试算 ($f(0) = -2, f(2) = 2$). 选择 $x_0 = 2$, 则

$$\begin{aligned}
x_1 &= \frac{1}{2}\left(2 + \frac{2}{2}\right) = \frac{3}{2} = 1.5, \\
x_2 &= \frac{1}{2}\left(\frac{3}{2} + \frac{4}{3}\right) = \frac{17}{12} \approx 1.4167, \\
x_3 &= \frac{1}{2}\left(\frac{3}{2} + \frac{4}{3}\right) = \frac{577}{408} \approx 1.41421569.
\end{aligned}$$

更精细的分析和更好的迭代方案, 在 "数值分析" 等课程里将会讲到.

### 4.7.5　常微分方程简介

微积分最重要的应用是求解微分方程. 一元微积分的用处就在于求解常微分方程.

常微分方程就是把未知 (单变量) 函数和其导数的关系写成一个等式, 求解该未知函数. 对于最简单的情形:

$$f' + af = 0,$$

我们可以知道

$$(\ln|f(x)|)' = \frac{f'}{f} = -a,$$

因此必有

$$\ln |f(x)| = -ax + C,$$

即

$$|f(x)| = \mathrm{e}^{-ax+C},$$

亦即

$$f(x) = C\mathrm{e}^{-ax}.$$

这里 $C \in \mathbb{R}$ 是任意常数 (且在它不同值的时候依旧混用同一符号表示).

对于二阶方程 (即涉及到二阶导数的方程)

$$af'' + bf' + cf = 0 \quad (a, b, c \in \mathbb{R}, a \neq 0),$$

我们考虑

$$g(x) = f'(x) - \lambda f(x),$$

其中 $\lambda$ 为待定常数, 代入可得

$$ag' + (b + a\lambda)g + (c + b\lambda + a\lambda^2)f = 0.$$

于是, 若取 $\lambda$ 为二次代数方程 $a\lambda^2 + b\lambda + c = 0$ 的根, 可以得到

$$ag' + (b + a\lambda)g = 0.$$

事实上,

$$\mu = -\frac{b + a\lambda}{a}$$

为上述方程的另一个根. 于是,

$$g(x) = C\mathrm{e}^{\mu x}.$$

此即

$$f'(x) - \lambda f(x) = C\mathrm{e}^{\mu x}.$$

再令

$$\tilde{f}(x) = f(x) + C_1 \mathrm{e}^{\mu x},$$

其中 $C_1 = \dfrac{C}{\lambda - \mu}$, 即有

$$\tilde{f}' - \lambda \tilde{f} = 0,$$

故

$$\tilde{f}(x) = C_2 \mathrm{e}^{\lambda x},$$

于是得到

$$f(x) = C_1 e^{\mu x} + C_2 e^{\lambda x}.$$

此即二阶常系数常微分方程的通解, 常数需要两个条件来确定.

思考: 若 $a\lambda^2 + b\lambda + c = 0$ 的两根相等或只有两个复数根, 解的形式如何?

我们举一个一维振子的例子. 对于质量为 $m$, 被弹性系数为 $k$ 的轻质弹簧一侧固定的方块, 若忽略摩擦力, 牛顿力学方程为

$$m\ddot{u} = -ku.$$

如果初始时刻拉开到离开平衡位置位移为 $A$ 的地方, 有

$$u(0) = A, \ \dot{u}(0) = 0.$$

方程两边同乘以 $\dot{u}$, 移项得到

$$\frac{\mathrm{d}}{\mathrm{d}t} \left[ \frac{m}{2}(\dot{u})^2 + \frac{k}{2}u^2 \right] = 0,$$

因此 $\dfrac{m}{2}(\dot{u})^2 + \dfrac{k}{2}u^2$ 为常数 (这就是机械能守恒). 再由给定的初始条件知道

$$\frac{m}{2}(\dot{u})^2 + \frac{k}{2}u^2 = \frac{k}{2}A^2.$$

把 $t$ 看作 $u/A$ 的函数, 有

$$\frac{\mathrm{d}t}{\mathrm{d}(u/A)} = \pm\sqrt{\frac{m}{k}} \cdot \frac{1}{\sqrt{1 - (u/A)^2}},$$

因此

$$t = C \pm \sqrt{\frac{m}{k}} \arcsin(u/A),$$

亦即

$$u = A\sin\left( \sqrt{\frac{k}{m}}t \pm C \right).$$

这就是简谐运动的位移表达式.

## 习　　题

1. 对于一个重力作用下自由下落的物体, 其位移为 $s(t) = v_0 t + \dfrac{1}{2}gt^2$, 试求 $t = 3$ 时,

(1) $t, t + \Delta t$ 上的平均速度, 其中 $\Delta t = 0.5, 0.1, 0.01$;

(2) 瞬时速度.

2. 函数 $f(x) = x^3 - 2x^2 + 3$ 在哪点处的切线平行于直线 $y = 2x + 4$? 哪点处的切线垂直于直线 $y = 2$?

3. 按照定义求 $f(x) = \cos x$ 的导函数.

4. 按定义证明: 奇函数之导数为偶函数; 偶函数之导数为奇函数.

5. 按照导数的运算法则和基本初等函数的导数, 求下列函数的导数:

(1) $f(x) = 4x^5 - 3x^3 + 2x$;

(2) $f(x) = \ln x + \tan x$;

(3) $f(x) = \pi^x$;

(4) $f(x) = \sin 2x$;

(5) $f(x) = \mathrm{e}^x - 5\ln x + 2x$;

(6) $f(x) = \dfrac{3x^2 - 6x + 2}{2x + 5}$;

(7) $f(x) = \sec x$;

(8) $f(x) = \csc x$;

(9) $f(x) = \mathrm{e}^x \sin x$;

(10) $f(x) = 2^x \ln x + \cos x \tan x$;

(11) $f(x) = \dfrac{2\tan x - \sin x}{\mathrm{e}^x}$;

(12) $f(x) = x \sin x$;

(13) $f(x) = x\mathrm{e}^x$;

(14) $f(x) = \sqrt[3]{x^2} + \sqrt{2x}$;

(15) $f(x) = \dfrac{3\cos x + 5\mathrm{e}^x}{2\sin x + \sec x}$.

6. 写出 $f(x) = \ln x + \mathrm{e}^x$ 在 $x_0 = 3$ 处的切线和法线方程.

7. 写出下列函数的微分:

(1) $f(x) = 2x^3 + \sin x$;

(2) $f(x) = 6\tan x + \ln x$;

(3) $f(x) = \dfrac{3x^2 - 2}{2x + 4}$.

8. 计算下列函数的导数:

(1) $f(x) = \sin(3x + 1)$;

(2) $f(x) = \cot(2x^2 + 2x)$;

(3) $f(x) = \left(\mathrm{e}^x - \dfrac{1}{x}\right)^2$;

(4) $g(t) = t^2 e^{t^2}$;

(5) $g(t) = \dfrac{(t+1)^2}{\sqrt{t+1}+1}$;

(6) $g(t) = \dfrac{1}{\sqrt{2\pi(t-1)}} e^{-(t-1)^2}$;

(7) $\phi(s) = \dfrac{\sqrt{s}}{1 + \cos\sqrt{s}}$;

(8) $\phi(s) = \sinh(2s) + \cosh(3s)$;

(9) $\phi(s) = \ln\left(\dfrac{s^2+1}{3s^2+2}\right)$;

(10) $u(t) = e^{-at}(3\cos\omega t + 4\sin\omega t)$;

(11) $u(t) = \arcsin 2t$;

(12) $u(t) = t\sqrt{1-t^2} - \dfrac{t}{\sqrt{1-t^2}}$;

(13) $v(\theta) = \arctan(3\theta^2) + \arctan\left(\dfrac{2\tan\theta}{1-\tan^2\theta}\right)$;

(14) $y(x)$ 表示为 $x = 3\cos t, y = 2\sin t, t \in \mathbb{R}$;

(15) $y(x)$ 表示为 $x = t^3 - 2t + 1, y = \sin(2t)$;

(16) $y(x)$ 表示为 $x = \cos(y^2+1) + e^y$;

(17) $y(x)$ 从方程 $\dfrac{x^2}{9} + \dfrac{10y^2}{6} = 1$ 解出;

(18) $y(x)$ 从方程 $\arctan\dfrac{2x}{1-y^2} = 2y$ 解出.

9. 若 $\varphi(x), \psi(x)$ 是给定的可导函数, 求下列函数的导数:

(1) $y = \varphi(x^3 + 1)$;

(2) $y = \varphi(\varphi(x) + \psi(x))$;

(3) $y = \arctan\dfrac{\varphi(x)}{\psi(x)}$;

(4) $y = \ln_{\psi(x)}\varphi(x)$ (设 $\psi(x) > 0$);

(5) $y = e^{\psi(x)}\ln(\varphi(x))$.

10. 用求对数再求导的办法求下列函数的导函数:

(1) $f(x) = x^3\sqrt[3]{\dfrac{x+1}{x-1}}$;

(2) $f(x) = (x-a_1)\cdot(x-a_2)^2\cdot(x-a_3)^3\cdots(x-a_n)^n$;

(3) $f(x) = (x+\sqrt{1+x^2})^x$;

(4) $f(x) = x^x$.

11. 如果函数 $a_{ij}(x)$ 可导 $(i, j = 1, 2)$, 试求二阶行列式形成的函数

$$f(x) = \begin{vmatrix} a_{11}(x) & a_{12}(x) \\ a_{21}(x) & a_{22}(x) \end{vmatrix}$$ 的导数. 你能推广到 $n$ 阶行列式吗?

12. 求出隐函数 $\dfrac{x^2}{4} + \dfrac{(y-1)^2}{6} = 1$ 确定的函数图像上平行于 $x$ 轴的切线方程.

13. 求下列函数的微分 $\mathrm{d}y$ (其中涉及的函数 $u(x), v(x), w(x)$ 均可微):

　　(1) $y = \ln\sqrt{u^2 + v^2}$;

　　(2) $y = u \cdot v \cot w$;

　　(3) $y = \dfrac{x}{1 + x^2}$;

　　(4) $x^{\frac{2}{3}} + y^{\frac{2}{3}} = 1$.

14. 求螺线 $r(\theta) = a\theta$ 的切线方程.

15. 求下列函数的 $n$ 阶导数表达式:

　　(1) $a_m x^m + a_{m-1} x^{m-1} + \cdots + a_1 x + a_0$;

　　(2) $\dfrac{1}{(x-1)(x-2)}$;

　　(3) $\cos 2x$;

　　(4) $\cosh x = \dfrac{\mathrm{e}^x + \mathrm{e}^{-x}}{2}$.

16. 证明 $x = t\mathrm{e}^t$ 满足微分方程

$$x''' - 3x'' + 3x' - x = 0.$$

17. 归纳证明函数

$$f(x) = \begin{cases} \mathrm{e}^{-\frac{1}{x^2}}, & x \neq 0, \\ 0, & x = 0, \end{cases}$$

在 $x_0 = 0$ 处各阶导数均为 0.

18. 求 $\dfrac{\mathrm{d}^2 y}{\mathrm{d}x^2}$:

　　(1) $x = \cos t, y = \sin t$;

　　(2) $x^3 + 2xy + \ln(x + y) = 0$;

　　(3) $x = \mathrm{e}^y \cos y$.

19. 试证明: 若 $f(x)$ 在 $a$ 点二阶可导, 则

$$\lim_{h \to 0} \frac{f(a+h) - 2f(a) + f(a-h)}{h^2} = f''(a).$$

20. 求 $\mathrm{d}^2 y$ (以 $x$ 为自变量):

　　(1) $y = u(x)^m \cdot v(x)^n$;

　　(2) $y = \sin u(x)$;

(3) $y = e^x \cdot \cos 2x$.

21. 求下列函数在给定区间上的最大最小值:

    (1) $y = x - 2\ln(1 + x)$ 在 $[0, 10]$;

    (2) $y = \dfrac{x}{2} - \sin x$ 在 $[-2\pi, 2\pi]$;

    (3) $y = \sinh x + \cosh 2x$ 在 $[-5, 5]$.

22. 设 $f(x)$ 可导. 求证: $f(x)$ 的两个零点之间必有 $f(x) + f'(x)$ 的零点.

23. $f(x) \in C[a, b] \cap C^1(a, b)$, 我们知道 $\forall x \in (a, b)$,

$$S(x) = \frac{1}{2} \begin{vmatrix} a & f(a) & 1 \\ x & f(x) & 1 \\ b & f(b) & 1 \end{vmatrix}$$

表示曲线端点和 $(x, f(x))$ 连成的三角形的有向面积. 试利用该面积一定会取到极值来证明拉格朗日中值定理.

24. 求出下列各函数在所给区间上拉格朗日中值公式中的 $c$ 的取值:

    (1) $f(x) = a + bx + cx^2$ 在区间 $[0, 1]$;

    (2) $f(x) = \sin x$ 在区间 $\left[-\dfrac{\pi}{2}, \dfrac{\pi}{2}\right]$;

    (3) $f(x) = \ln x$ 在区间 $[1, 10]$.

25. 设 $f(x) \in C[a, b], (a > 0)$, 求证: $\exists \xi \in (a, b)$, 使得

$$\frac{af(b) - bf(a)}{a - b} = f(\xi) - \xi f'(\xi).$$

26. 设 $f(x)$ 在 $[a, b]$ 上有二阶导数, 且 $f'(a) = f'(b) = 0$, 求证: $\exists \xi \in (a, b)$,

$$|f''(\xi)| \geqslant \frac{4}{(b - a)^2} |f(b) - f(a)|.$$

27. 证明不等式:

    (1) $\dfrac{x}{1 + x} < \ln(1 + x) < x (x > 0)$;

    (2) $x < \sin x < \dfrac{2}{\pi} x \left(0 < x < \dfrac{\pi}{2}\right)$;

    (3) $\tan x < x + \dfrac{x^3}{3} \left(0 < x < \dfrac{\pi}{2}\right)$;

    (4) $e^x > 1 + x + \cdots + \dfrac{x^n}{n!} (x > 0)$.

28. 若 $f(x)$ 在区间 $I$ 上连续, 在 $I^0$ 上可导, 且导数有界, 试证明 $f(x)$ 在该区间上一致连续.

29. 试证明函数

$$f(x) = \begin{cases} x + 2x^2 \sin \dfrac{1}{x^2}, & x \neq 0, \\ 0, & x = 0 \end{cases}$$

在 $x_0 = 0$ 处导数为正, 但在该点任何邻域内都不单调.

30. 求出下述函数的单调区间:

(1) $f(x) = x - x^3$;

(2) $f(x) = 2x + \sin x$;

(3) $f(x) = x^3 - \arctan x$.

31. 求下述函数的极值:

(1) $f(x) = \sqrt{x} \ln x$;

(2) $f(x) = \sin x - \tan x$;

(3) $f(x) = x^{\frac{2}{3}} + x^{-\frac{2}{3}}$.

32. 试证明周长一定的绳子围成矩形的面积以正方形为最大 (只要求四边形呢?).

33. 圆的内接三角形, 若一边固定, 用前述有向面积的表达式证明内接等腰三角形面积最大.

34. 椭圆 $\dfrac{x^2}{a^2} + \dfrac{y^2}{b^2} = 1$ 以平行于长短轴方向的边构成的内接矩形, 最大面积为多少?

35. 写出下列函数在指定区间上的柯西中值公式, 并求出相应的导数取值点 $\xi$, 同时求出函数 $\dfrac{f(x)}{g(x)}$ 的拉格朗日中值公式以及那里相应的取值点 $\xi$:

(1) $f(x) = x^3, g(x) = x$ 在 $[1, 2]$ 上;

(2) $f(x) = \sec x, g(x) = \csc x$ 在 $\left[\dfrac{\pi}{4}, \dfrac{3\pi}{4}\right]$ 上;

(3) $f(x) = x^2, g(x) = \sqrt{x}$ 在 $[1, 2]$ 上.

36. 用洛必达法则求以下极限 (若不能使用, 请简要说明理由):

(1) $\lim\limits_{x \to a} \dfrac{\sin x - \sin a}{x - a}$;

(2) $\lim\limits_{x \to 0} \dfrac{x}{\ln x}$;

(3) $\lim\limits_{x \to 0} \dfrac{a^x - b^x}{x}$;

(4) $\lim\limits_{x \to 0} \dfrac{x^2}{\mathrm{e}^x - 1 - x}$;

(5) $\lim\limits_{x \to 0} \dfrac{(a + x)^x - a^x}{x^2}$;

(6) $\lim\limits_{x \to \pi} \dfrac{\sin x - x + \pi}{(x - \pi)^3}$;

(7) $\lim\limits_{x\to+\infty}\dfrac{e^x-1-x}{x^3}$;

(8) $\lim\limits_{x\to-\infty}e^x\ln(-x)$;

(9) $\lim\limits_{x\to+\infty}\dfrac{3x^3}{2^x}$;

(10) $\lim\limits_{x\to+\infty}\dfrac{x^2\sin\dfrac{1}{x}}{\sqrt{x}}$;

(11) $\lim\limits_{x\to1}x^{\frac{1}{x-1}}$;

(12) $\lim\limits_{x\to0}\dfrac{\sin x}{\sinh x}$;

(13) $\lim\limits_{x\to+\infty}x^{e^{-x}}$;

(14) $\lim\limits_{x\to-\infty}(-x)^x$;

(15) $\lim\limits_{x\to\infty}\dfrac{x+\cos x}{x-\sin x}$.

37. 对于细线长度为 $l$ 的单摆, 当摆的角度为 $0<\theta\ll1$ 时, 试证明其势能为 $L\approx\dfrac{1}{2}mg(l\theta)^2$ (摆在最低点时势能为 0).

38. 求下列函数的麦克劳林展开式 (到余项为 $o(x^6)$):

(1) $f(x)=\sin x^2$;

(2) $f(x)=\dfrac{1}{1+x^3}$;

(3) $f(x)=\ln(1+x)$;

(4) $f(x)=e^{1+x}$.

39. 求 $f(x)=\sin x$ 在 $x_0=\dfrac{\pi}{4}$ 处的泰勒展开式到余项为 $o((x-x_0)^5)$, 并写出拉格朗日余项.

40. 利用泰勒公式计算 $\sin0.1$ 到误差不大于 $10^{-6}$.

41. 利用泰勒公式求极限:

(1) $\lim\limits_{x\to0}\dfrac{2\cos x-2+\ln(1+x^2)}{x^4}$;

(2) $\lim\limits_{x\to0}\dfrac{\sqrt[4]{x^4+x^8}-\sqrt[4]{x^4-x^8}}{x^5}$;

(3) $\lim\limits_{x\to+\infty}(x^2e^{\frac{1}{x}}-x(x+1))$;

(4) $\lim\limits_{x\to1}\left(\dfrac{\alpha}{1-x^\alpha}-\dfrac{\beta}{1-x^\beta}\right)\ (\alpha,\beta>0)$.

42. 写出函数 $f(x)=\begin{cases}e^{-\frac{1}{x}}, & x>0,\\ 0, & x\leqslant0\end{cases}$ 在 $x_0=0$ 处的泰勒展开式, 小 $o$ 余项和拉格

朗日余项是否还适用? 如适用, 写出 $x^4$ 阶上的余项表达式.

43. 试按定义证明 $f(x) = |x|$ 为下凸函数.

44. 讨论函数 $\ln(1 + x), \sin x, \mathrm{e}^{-x}$ 在其定义域上的凸性. 分别采用等价条件中任意一个证明你的结论, 再通过求出二阶导数来确认你的结论.

45. 求出下列函数的拐点, 并求拐点处的切线方程:

(1) $f(x) = 2 + 4x - x^3$;

(2) $f(x) = x^2 - \sin 2x$;

(3) $f(x) = \dfrac{1}{1 + x} - \ln(1 + x)$.

46. 证明以下不等式:

(1) $\cos x \geqslant 1 - \dfrac{x^2}{2}$;

(2) $\left(n + \dfrac{1}{2}\right) \ln\left(1 + \dfrac{1}{n}\right) > 1,\ n \in \mathbb{N}$;

(3) $\ln(1 + x) < x - \dfrac{x^2}{2} + \dfrac{x^3}{3}$.

47. 试证明 $\left[\dfrac{1}{2}, 1\right]$ 上成立

$$\arctan x - \ln(1 + x^2) \geqslant \dfrac{\pi}{4} - \ln 2.$$

48. 若 $0 < a < b$, 则

$$a < \dfrac{2}{\dfrac{1}{a} + \dfrac{1}{b}} < \sqrt{ab} < \dfrac{b - a}{\ln b - \ln a} < \dfrac{a + b}{2} < \sqrt{\dfrac{a^2 + b^2}{2}} < b.$$

49. 作出下列函数的图形:

(1) $f(x) = \dfrac{x^2 - 1}{x^2 + 5x + 6}$;

(2) $f(x) = (x - 2)^2(x - 3)^2$;

(3) $f(x) = \sinh 2x$.

50. 用牛顿迭代法求方程 $x^3 - 2x - 5 = 0$ 的大于 2 的根, 使其误差不大于 $10^{-3}$.

51. 求解下列方程:

(1) $x'(t) + 2x(t) = 0$;

(2) $x' + \sqrt{1 - x^2} = 0$;

(3) $x'' - 4x' + 4x = 0$;

(4) $x'(t) + 2x(t) = \mathrm{e}^{-2t}$.

# 第五章 不 定 积 分

## 5.1 概　念

前面已经讲过, 如果一个可微的函数 $F(x)$ 的导数为 $f(x)$, 那么所有导数为 $f(x)$ 的函数跟 $F(x)$ 只可能相差一个常数. 这样, 对于微分算子

$$\frac{\mathrm{d}}{\mathrm{d}x} = F(x) \mapsto f(x),$$

可以在忽略常数的意义下定义一个 "逆算子", 这就是不定积分的来历. 需要注意的是, 我们说 "对于函数 $f(x)$, 如果知道有一个函数 $F(x)$, 其导数为 $f(x)$", 在这个条件下才定义不定积分的. 至于什么样的函数 $f(x)$ 有不定积分, 就要放在以后再深入讨论了.

**定义 5.1**　$F(x) \in C(I)$, 在 $I^0$ 可导, 且 $\forall x \in I^0, F'(x) = f(x)$, 则称 $F(x)$ 为 $f(x)$ 的一个原函数. (微分的说法: $F(x) \in C(I)$, 在 $I^0$ 可微, 且 $\forall x \in I^0, \mathrm{d}F(x) = f(x)\mathrm{d}x$, 则称 $F(x)$ 为微分形式 $f(x)\mathrm{d}x$ 的一个原函数.)

**定理 5.1**　若 $F(x)$ 为 $f(x)$ 的一个原函数, 则
(1) $\forall C \in \mathbb{R}, F(x) + C$ 也是 $f(x)$ 的原函数;
(2) 任何 $f(x)$ 的原函数必可表示为 $F(x) + C$.

**定义 5.2**　若 $F(x)$ 为 $f(x)$ 的一个原函数, 则称函数簇 $F(x) + C$ 为 $f(x)$ (或微分形式 $f(x)\mathrm{d}x$) 的不定积分, 记为

$$\int f(x)\mathrm{d}x = F(x) + C.$$

称 $f(x)$ 为被积函数, $f(x)\mathrm{d}x$ 为被积表达式[①].

由定义立刻得到以下命题:

$$\left( \int f(x)\mathrm{d}x \right)' = f(x),$$

$$\int F'(x)\mathrm{d}x = F(x) + C,$$

---

[①] "$\int$" 由 $S$ (求和的英文 sum 首字母) 拉长而来, 上述式子可读作 "积分 $f(x)\mathrm{d}x$ 等于 $F(x)+C$".

即

$$d\left(\int f(x)dx\right) = f(x)dx,$$

$$\int dF(x) = F(x) + C.$$

那么, 为什么被积表达式写成 $f(x)$ 与 $dx$ 的积这一形式呢? 这来自于微分表示的不变性. 我们知道, 如果换一个自变量 $x = x(t)$, 有 $f(x)dx = f(x(t))x'(t)dt$ 成立, 而从后面的换元法我们会知道

$$\int f(x)dx = \int f(x(t))x'(t)dt.$$

基于不定积分的定义, 我们从求导的公式得到一系列初等函数的不定积分:

$$\int 0dx = C,$$

$$\int 1dx = x + C,$$

$$\int x^\mu dx = \frac{x^{\mu+1}}{\mu+1} + C \quad (\mu \neq -1),$$

$$\int x^{-1}dx = \ln|x| + C,$$

$$\int \frac{dx}{x-a} = \ln|x-a| + C,$$

$$\int e^x dx = e^x + C,$$

$$\int a^x dx = \frac{a^x}{\ln a} + C \quad (a > 0, a \neq 1),$$

$$\int \cos x dx = \sin x + C,$$

$$\int \sin x dx = -\cos x + C,$$

$$\int \sec^2 x = \tan x + C,$$

$$\int \csc^2 x = -\cot x + C,$$

$$\int \frac{dx}{1+x^2} = \arctan x + C = -\text{arccot}x + C,$$

$$\int \frac{dx}{\sqrt{1-x^2}} = \arcsin x + C = -\arccos x + C,$$

$$\int \cosh x dx = \sinh x + C,$$

$$\int \sinh x \mathrm{d}x = \cosh x + C,$$

$$\int \frac{\mathrm{d}x}{\sqrt{x^2 \pm a^2}} = \ln|x + \sqrt{x^2 \pm a^2}| + C.$$

对于不定积分, 有两点要记住: (1) 不定积分记得越多越好, 这跟求导是不太一样的; (2) 看上去不同的两个表达式, 很可能实际上是一样的 (差一个常数), 因此都可能对. 判断不定积分是否正确的唯一标准就是求导, 因为这是不定积分的定义.

求不定积分的第一个方法就是猜, 只要能验证 $\forall x \in I^0, F'(x) = f(x)$ 就可以.

第二个方法, 是根据求导的一些法则, 挑出一些比较好用的, 反过来写成求积分的法则. 求导的法则中, 最重要的是四则运算和复合 (其他还有参数表示的函数、反函数、隐函数等).

**定理 5.2** 若 $f(x), g(x)$ 在区间 $I$ 上积分存在, 则 $f(x) \pm g(x)$ 的积分也存在①, 且

$$\int [f(x) \pm g(x)] \mathrm{d}x = \int f(x) \mathrm{d}x \pm \int g(x) \mathrm{d}x;$$

若 $f(x)$ 在区间 $I$ 上积分存在, $\lambda \in \mathbb{R}$, 则 $\lambda f(x)$ 的积分也存在, 且

$$\int \lambda f(x) \mathrm{d}x = \lambda \int f(x) \mathrm{d}x.$$

**例 5.1** 求 $\int \dfrac{\mathrm{d}x}{x^2 - a^2}$.

**解**

$$
\begin{aligned}
\int \frac{\mathrm{d}x}{x^2 - a^2} &= \int \frac{1}{2a} \left( \frac{1}{x-a} - \frac{1}{x+a} \right) \mathrm{d}x \\
&= \frac{1}{2a} \left( \int \frac{1}{x-a} \mathrm{d}x - \int \frac{1}{x+a} \mathrm{d}x \right) \\
&= \frac{1}{2a} \left( \ln|x-a| - \ln|x+a| + C \right) \\
&= \frac{1}{2a} \ln \left| \frac{x-a}{x+a} \right| + C.
\end{aligned}
$$

**例 5.2** 求 $\int \sin(x+a) \mathrm{d}x$.

---

① 在上述公式中, 与极限运算法则时的叙述方式一样, 是 "右边有, 左边就有".

**解**

$$\int \sin(x+a)\mathrm{d}x = \int \sin x \cos a + \cos x \sin a \mathrm{d}x$$

$$= \cos a \int \sin x \mathrm{d}x + \sin a \int \cos x \mathrm{d}x$$

$$= \cos a(-\cos x) + \sin a \sin x + C$$

$$= -\cos(x+a) + C.$$

**例 5.3** 求 $\displaystyle\int \frac{\mathrm{d}x}{\sin^2(2x)}$.

**解**

$$\int \frac{\mathrm{d}x}{\sin^2(2x)} = \int \frac{\sin^2 x + \cos^2 x}{4\sin^2 x \cos^2 x}\mathrm{d}x$$

$$= \frac{1}{4}\left( \int \frac{\mathrm{d}x}{\cos^2 x} + \int \frac{\mathrm{d}x}{\sin^2 x}\right)$$

$$= \frac{1}{4}\left(\tan x - \cot x\right) + C.$$

## 5.2 换元积分法

复合函数求导满足链式法则:

$$[g(f(t))]' = \frac{\mathrm{d}g}{\mathrm{d}x} \cdot \frac{\mathrm{d}f}{\mathrm{d}t} = g'(f(t)) \cdot f'(t).$$

**引理 5.1** 若

$$\int f(x)\mathrm{d}x = F(x) + C,$$

而 $x(t)$ 可微[①], 则

$$\int f(x(t))\mathrm{d}x(t) = F(x(t)) + C.$$

上述引理给出了两种换元法, 其中第一换元法 (凑变量法) 为: 若

$$\varphi(x) = \psi(\eta(x)) \cdot \eta'(x),$$

且

$$\int \psi(\eta)\mathrm{d}\eta = \Psi(\eta) + C,$$

---

[①]这里我们没有讨论 $x(t)$ 是否是 1-1 映射, 也没有明确写出 $f(x)$(在某区间 $I$ 上) 和 $x(t)$ 的定义域 (在某区间 $E$ 上). 事实上, 我们可以在 $x(t)$ 的每一个单调区间上有引理中所述的结论, 再回到整个区间上, 得到不加分析单调性的结论.

则

$$\int \varphi(x)\mathrm{d}x = \Psi(\eta(x)) + C.$$

**例 5.4**　求 $\displaystyle\int \frac{\mathrm{d}x}{\sin^2(2x)}$.

**解**　我们令 $y = 2x$, 有

$$\begin{aligned}
\int \frac{\mathrm{d}x}{\sin^2(2x)} &= \frac{1}{2}\int \frac{\mathrm{d}y}{\sin^2 y} \\
&= -\frac{1}{2}\cot y + C \\
&= -\frac{1}{2}\cot(2x) + C.
\end{aligned}$$

这跟上一节的结果是一致的, 但计算起来简洁得多.

**例 5.5**　求 $\displaystyle\int \mathrm{e}^{3x}\mathrm{d}x$.

**解**　我们令 $y = 3x$, 有

$$\begin{aligned}
\int \mathrm{e}^{3x}\mathrm{d}x &= \frac{1}{3}\int \mathrm{e}^y\mathrm{d}y \\
&= \frac{1}{3}\mathrm{e}^y + C \\
&= \frac{1}{3}\mathrm{e}^{3x} + C.
\end{aligned}$$

熟悉了以后, 我们可以不必写出凑出的新自变量. 例如, 可以直接写出

$$\int g(ax+b)\mathrm{d}x = \frac{1}{a}\int g(ax+b)\mathrm{d}(ax+b).$$

又如:

$$\int x\mathrm{e}^{x^2}\mathrm{d}x = \frac{1}{2}\int \mathrm{e}^{x^2}\mathrm{d}(x^2) = \frac{1}{2}\mathrm{e}^{x^2} + C;$$

$$\int \frac{(\ln x)^k}{x}\mathrm{d}x = \int (\ln x)^k\mathrm{d}(\ln x) = \frac{(\ln x)^{k+1}}{k+1} + C \quad (x > 0, k \neq -1);$$

$$\int \tan x\mathrm{d}x = -\int \frac{1}{\cos x}\mathrm{d}(\cos x) = -\ln|\cos x| + C.$$

更复杂一点, 我们计算以下不定积分.

**例 5.6**　计算 $\displaystyle\int \frac{\mathrm{d}x}{x^2 + px + q}$.

**解** 令 $y = x + \dfrac{p}{2}$，根据 $q - \dfrac{p^2}{4}$ 的符号，有以下不同情形：

若 $q - \dfrac{p^2}{4} = 0$，则

$$
\begin{aligned}
\int \frac{\mathrm{d}x}{x^2 + px + q} &= \int \frac{\mathrm{d}y}{y^2} \\
&= -\frac{1}{y} + C \\
&= -\frac{1}{x + \dfrac{p}{2}} + C.
\end{aligned}
$$

若 $q - \dfrac{p^2}{4} > 0$，则记 $a = \sqrt{q - \dfrac{p^2}{4}}$，进一步令 $z = \dfrac{y}{a}$，有

$$
\begin{aligned}
\int \frac{\mathrm{d}x}{x^2 + px + q} &= \int \frac{\mathrm{d}y}{y^2 + a^2} \\
&= \frac{1}{a^2} \int \frac{\mathrm{d}z}{z^2 + 1} \\
&= \frac{1}{a^2} \arctan z + C \\
&= \frac{1}{a^2} \arctan \frac{x + \dfrac{p}{2}}{a^2} + C.
\end{aligned}
$$

若 $q - \dfrac{p^2}{4} < 0$，则记 $b = \sqrt{\dfrac{p^2}{4} - q}$，有

$$
\begin{aligned}
\int \frac{\mathrm{d}x}{x^2 + px + q} &= \int \frac{\mathrm{d}y}{y^2 - b^2} \\
&= \frac{1}{2b} \int \left( \frac{1}{y - b} - \frac{1}{y + b} \right) \mathrm{d}y \\
&= \frac{1}{2b} \ln \left| \frac{y - b}{y + b} \right| + C \\
&= \frac{1}{2b} \ln \left| \frac{x + \dfrac{p}{2} - b}{x + \dfrac{p}{2} + b} \right| + C.
\end{aligned}
$$

另一种换元法为第二换元法 (强迫法)：若函数 $x(t)$ 在某个区间 $I$ 上连续，在 $I^0$ 可导，且在 $I^0$ 导数非 0，则函数 $x(t)$ 在 $I$ 上可逆，且

$$
\int f(x)\mathrm{d}x = \int f(x(t))x'(t)\mathrm{d}t.
$$

如果关于 $t$ 的积分可以求出来，我们再换回 $x$ 即可得到原来问题的不定积分[1].

---

[1]我们常常不去检验变量代换的单调性，而是潜含地假设在其 (每一个) 单调区间内做代换.

**例 5.7** 求 $\displaystyle\int\frac{\mathrm{d}x}{(x^2+a^2)^2}$.

**解** 令 $x=a\tan t, t\in\left(-\dfrac{\pi}{2},\dfrac{\pi}{2}\right)$，则

$$
\begin{aligned}
\int\frac{\mathrm{d}x}{(x^2+a^2)^2} &=\int\frac{a\sec^2 t}{(a^2\tan^2 t+a^2)^2}\mathrm{d}t\\
&=\frac{1}{a^3}\int\cos^2 t\mathrm{d}t\\
&=\frac{1}{a^3}\int\frac{1+\cos 2t}{2}\mathrm{d}t\\
&=\frac{1}{2a^3}\left(t+\frac{\sin 2t}{2}\right)+C\\
&=\frac{1}{2a^3}\left(\arctan\frac{x}{a}+\frac{ax}{x^2+a^2}\right)+C.
\end{aligned}
$$

**例 5.8** 求 $\displaystyle\int\sqrt{a^2-x^2}\mathrm{d}x$.

**解** 令 $x=a\sin t, t\in\left(-\dfrac{\pi}{2},\dfrac{\pi}{2}\right)$，则

$$
\begin{aligned}
\int\sqrt{a^2-x^2}\mathrm{d}x &=\int a^2\cos^2 t\mathrm{d}t\\
&=\frac{a^2}{2}\int 1+\cos 2t\mathrm{d}t\\
&=\frac{a^2}{2}(t+\sin t\cos t)+C\\
&=\frac{a^2}{2}\left(\arcsin\frac{x}{a}+\frac{x}{a}\sqrt{1-\frac{x^2}{a^2}}\right)+C.
\end{aligned}
$$

**例 5.9** 求 $\displaystyle\int\sqrt{x^2-a^2}\mathrm{d}x$.

**解** 令 $x=a\sec t, t\in(0,\pi/2)$，再令 $s=\sin t=\sqrt{1-\dfrac{a^2}{x^2}}$，则

$$
\begin{aligned}
\int\sqrt{x^2-a^2}\mathrm{d}x &=\int a^2\tan^2 t\sec t\mathrm{d}t\\
&=a^2\int\frac{\sin^2 t}{\cos^3 t}\mathrm{d}t\\
&=a^2\int\frac{s^2}{(1-s^2)^2}\mathrm{d}s\\
&=\frac{a^2}{4}\int\frac{1}{(s-1)^2}+\frac{1}{(s+1)^2}-\frac{1}{1-s}-\frac{1}{1+s}\mathrm{d}t
\end{aligned}
$$

$$= -\frac{a^2}{4}\left(\frac{1}{s-1}+\frac{1}{s+1}+\ln\left|\frac{1+s}{1-s}\right|\right)+C$$

$$= \frac{1}{2}\left(x\sqrt{x^2-a^2}-a^2\ln|x+\sqrt{x^2-a^2}|\right)+C.$$

## 5.3  分部积分法

导数的乘法运算法则是 $(fg)' = f'g + fg'$. 相应地, 我们有以下积分关系:

$$\int F(x)G'(x)+F'(x)G(x)\mathrm{d}x = F(x)G(x)+C,$$

也就是说

$$\int F(x)\mathrm{d}G(x) = F(x)G(x) - \int G(x)\mathrm{d}F(x).$$

这就是分部积分公式.

**例 5.10**  求 $\int x\cos x\mathrm{d}x$.

**解**

$$\int x\cos x\mathrm{d}x = \int x\mathrm{d}\sin x$$

$$= x\sin x - \int \sin x\mathrm{d}x$$

$$= x\sin x + \cos x + C.$$

**例 5.11**  求 $\int x\sin x\mathrm{d}x$.

**解**

$$\int x\sin x\mathrm{d}x = -\int x\mathrm{d}\cos x$$

$$= -x\cos x + \int \cos x\mathrm{d}x$$

$$= -x\cos x + \sin x + C.$$

**例 5.12**  求 $\int x\mathrm{e}^x\mathrm{d}x$.

**解**

$$\int x\mathrm{e}^x\mathrm{d}x = \int x\mathrm{d}\mathrm{e}^x$$

$$= x\mathrm{e}^x - \int \mathrm{e}^x\mathrm{d}x$$

$$= (x-1)\mathrm{e}^x + C.$$

**例 5.13** 求 $\int \sqrt{x^2 - a^2}\mathrm{d}x$.

**解**

$$\int \sqrt{x^2 - a^2}\mathrm{d}x = x\sqrt{x^2 - a^2} - \int \frac{x^2}{\sqrt{x^2 - a^2}}\mathrm{d}x$$
$$= x\sqrt{x^2 - a^2} - \int \sqrt{x^2 - a^2}\mathrm{d}x - \int \frac{a^2}{\sqrt{x^2 - a^2}}\mathrm{d}x$$
$$= x\sqrt{x^2 - a^2} - \int \sqrt{x^2 - a^2}\mathrm{d}x - a^2 \ln|x + \sqrt{x^2 - a^2}| + C.$$

因此,
$$\int \sqrt{x^2 - a^2}\mathrm{d}x = \frac{1}{2}\left(x\sqrt{x^2 - a^2} - a^2 \ln|x + \sqrt{x^2 - a^2}|\right) + C.$$

有时候, 我们可能会做错分部积分的方向, 例如

$$\int x\mathrm{e}^x \mathrm{d}x = \int \mathrm{e}^x \mathrm{d}\frac{x^2}{2}$$
$$= \frac{x^2 \mathrm{e}^x}{2} - \frac{1}{2}\int x^2 \mathrm{e}^x \mathrm{d}x,$$

阶次越来越高, 就不能得到闭合的表达式. 不过, 这反过来告诉我们 $\int x^2 \mathrm{e}^x \mathrm{d}x$ 可以求得出来. 另一方面, 有时候要坚持一下, 就会柳暗花明.

**例 5.14** 求 $\int \mathrm{e}^{ax}\sin bx \mathrm{d}x$, $\int \mathrm{e}^{ax}\cos bx \mathrm{d}x$.

**解**

$$\int \mathrm{e}^{ax}\sin bx \mathrm{d}x = \frac{1}{b}\left[-\mathrm{e}^{ax}\cos bx + a \int \mathrm{e}^{ax}\cos bx \mathrm{d}x\right],$$
$$\int \mathrm{e}^{ax}\cos bx \mathrm{d}x = \frac{1}{b}\left[\mathrm{e}^{ax}\sin bx - a \int \mathrm{e}^{ax}\sin bx \mathrm{d}x\right].$$

实际上, 这两个式子并没有循环, 解线性方程组可得

$$\int \mathrm{e}^{ax}\sin bx \mathrm{d}x = \mathrm{e}^{ax}\frac{a\sin bx - b\cos bx}{a^2 + b^2} + C,$$
$$\int \mathrm{e}^{ax}\cos bx \mathrm{d}x = \mathrm{e}^{ax}\frac{a\cos bx + b\sin bx}{a^2 + b^2} + C.$$

这个题目也可以通过 $\int \mathrm{e}^{ax+\mathrm{i}bx}\mathrm{d}x = \frac{\mathrm{e}^{ax+\mathrm{i}bx}}{a + b\mathrm{i}} + C$ 的实部和虚部求得.

**例 5.15** 求 $J_n(x) = \int \frac{\mathrm{d}x}{(x^2 + a^2)^n}$.

**解**

$$J_n(x) = \frac{x}{(x^2 + a^2)^n} - \int x \mathrm{d}\frac{1}{(x^2 + a^2)^n}$$

$$= \frac{x}{(x^2 + a^2)^n} + 2n \int \frac{x^2}{(x^2 + a^2)^{n+1}} \mathrm{d}x$$

$$= \frac{x}{(x^2 + a^2)^n} + 2nJ_n - 2na^2 J_{n+1},$$

于是, 有递推式

$$J_{n+1}(x) = \frac{x}{2na^2(x^2 + a^2)^n} + \frac{2n-1}{2na^2} J_n(x),$$

以及

$$J_1(x) = \frac{1}{a} \arctan \frac{x}{a} + C.$$

## 5.4  有理函数的积分

尽管初等函数的导数仍为初等函数, 但这并不意味着任何初等函数都是某个初等函数的导数. 换言之, 不是每个初等函数的积分都能用初等函数表示出来, 例如 $\int \mathrm{e}^{-x^2} \mathrm{d}x$. 当然, 不能用初等函数表示出来并不表示上述积分不存在.

一定可以表示为初等函数的一类重要积分是有理函数的积分.

有理函数是指形如 $\frac{P(x)}{Q(x)}$ 的函数, 其中分子和分母均为 $x$ 的多项式. 如果分子的阶次不低于分母, 通过辗转相除法可将它表示为一个多项式与另一个有理函数的和, 后者分子的阶次低于分母. 这里我们不妨假设该函数已经是分子次数低于分母 (即所谓真分式), 并设

$$Q(x) = (x - a_1)^{k_1} \cdots (x - a_r)^{k_r} (x^2 + p_1 x + q_1)^{K_1} \cdots (x^2 + p_s x + q_s)^{K_s}.$$

真分式一定可以分解为以下形式简单分式的和:

$$f(x) = \frac{A_1}{x - a_1} + \cdots + \frac{A_{k_1}}{(x - a_1)^{k_1}} + \cdots + \frac{B_1 x + C_1}{x^2 + p_1 x + q_1} + \frac{B_2 x + C_2}{(x^2 + p_1 x + q_1)^2} + \cdots.$$

上述式子的每一项的积分都已经讨论过, 因此我们以下主要介绍如何进行分解.

**例 5.16**  分解

$$\frac{1}{(x-1)^2(x-2)} = \frac{A}{(x-1)} + \frac{B}{(x-1)^2} + \frac{C}{x-2}.$$

**解**　我们介绍三种做法.

(1) 两边通分, 得到

$$1 = A(x^2 - 3x + 2) + B(x - 2) + C(x^2 - 2x + 1).$$

由此得关于系数的线性方程组

$$\begin{cases} A + C = 1, \\ -3A + B - 2C = 0, \\ 2A - 2B + C = 0. \end{cases}$$

求解得到 $A = -1, B = -1, C = 1,$ 于是

$$\frac{1}{(x-1)^2(x-2)} = -\frac{1}{(x-1)} - \frac{1}{(x-1)^2} + \frac{1}{x-2}.$$

(2) 容易看出,

$$\frac{1}{(x-1)(x-2)} = \frac{1}{(x-2)} - \frac{1}{(x-1)},$$

重复用此式可得

$$\frac{1}{(x-1)^2(x-2)} = \frac{1}{x-1}\left(\frac{1}{x-2} - \frac{1}{x-1}\right)$$
$$= \frac{1}{x-2} - \frac{1}{x-1} - \frac{1}{(x-1)^2}.$$

(3) 将通分式写成

$$1 = [A(x-1) + B](x-2) + C(x-1)^2.$$

令 $x = 1$ 得到 $B = -1,$ 令 $x = 2$ 得到 $C = 1,$ 再令 $x = 0$ 算出 $A = -1.$

**例 5.17**　分解 $\dfrac{1}{(x^3+1)^2}.$

**解**　令

$$\frac{1}{(x^3+1)^2} = \frac{a}{x+1} + \frac{b}{(x+1)^2} + \frac{cx+d}{(x^2-x+1)} + \frac{ex+f}{(x^2-x+1)^2},$$

通分得到

$$1 = a(x+1)(x^2-x+1)^2 + b(x^2-x+1)^2$$
$$+ (cx+d)(x+1)^2(x^2-x+1) + (ex+f)(x+1)^2.$$

分别令 $x = -1$, 得到 $b = \dfrac{1}{9}$. 两边求导, 再令 $x = -1$, 得到 $0 = 9a - 18b$, 于是 $a = \dfrac{2}{9}$. 看最高阶系数, 得到方程

$$a + c = 0,$$

于是 $c = -\dfrac{2}{9}$.

分别令 $x = 0, 1, 2$, 得到方程

$$1 = a + b + d + f,$$
$$1 = 2a + b + 4(c + d) + 4(e + f),$$
$$1 = 27a + 9b + 27(2c + d) + 9(2e + f).$$

解得 $d = f = \dfrac{1}{3}, e = -\dfrac{1}{3}$. 综上,

$$\frac{1}{(x^3 + 1)^2} = \frac{1}{9}\left[\frac{2}{x+1} + \frac{1}{(x+1)^2} + \frac{-2x+3}{x^2-x+1} + \frac{-3x+3}{(x^2-x+1)^2}\right].$$

我们再给出另一个解法. 考虑

$$\frac{1}{x^3+1} = \frac{1}{3}\left(\frac{1}{x+1} - \frac{x-2}{x^2-x+1}\right),$$

于是

$$\begin{aligned}
\frac{1}{(x^3+1)^2} &= \frac{1}{9}\left[\frac{1}{(x+1)^2} + \frac{(x-2)^2}{(x^2-x+1)^2} - 2\frac{x-2}{x^3+1}\right] \\
&= \frac{1}{9}\left[\frac{1}{(x+1)^2} + \frac{1}{x^2-x+1} - \frac{3x-3}{(x^2-x+1)^2} - \frac{2}{3}\left(\frac{x-2}{x+1} - \frac{(x-2)^2}{x^2-x+1}\right)\right] \\
&= \frac{1}{9}\left[\frac{2}{x+1} + \frac{1}{(x+1)^2} + \frac{-2x+3}{x^2-x+1} + \frac{-3x+3}{(x^2-x+1)^2}\right].
\end{aligned}$$

## 5.5　可有理化的被积表示式

有一些函数, 可以通过变量替换改写成有理函数, 于是再运用有理函数分解可求出相应的不定积分. 需要指出的是, 我们只是通过这个变换来说明这些函数的不定积分仍为初等函数, 具体问题中是否有更好的变量替换或办法求出不定积分, 需要通过做题来积累经验.

以下 $R(u, v)$ 表示有理函数, 即其分子分母都是 $u, v$ 的多项式函数.

(1) $R(\sin x, \cos x)\mathrm{d}x$.

用万能公式 $t = \tan\dfrac{x}{2}$, 则

$$\sin x = \frac{2t}{1+t^2}, \ \cos x = \frac{1-t^2}{1+t^2},$$

而

$$dx = \frac{2dt}{1+t^2}.$$

这样变换后的式子是 $t$ 的有理函数.

(2) $R(x, \sqrt{ax^2 + bx + c})dx$.

$\sqrt{ax^2 + bx + c}$ 经平移可表示为 $\sqrt{y^2 + \alpha^2}, \sqrt{y^2 - \alpha^2}, \sqrt{\alpha^2 - y^2}$ 之一. 分别令 $y = \alpha\tan t, \alpha\sec t, \alpha\sin t$, 则上式转化为情形 (1).

(3) $R\left(x, \sqrt[n]{\dfrac{ax+b}{Ax+B}}\right)dx$.

若 $\dfrac{ax+b}{Ax+B}$ 可约 (退化为常数), 则被积函数已是有理函数; 若不可约, 则令 $\sqrt[n]{\dfrac{ax+b}{Ax+B}} = t$, 得到 $x = \dfrac{Bt^n - b}{a - At^n}$, 于是 $x, \dfrac{dx}{dt}$ 均为 $t$ 的有理函数, 可以有理化.

(4) $x^\lambda(a + bx^\mu)^\gamma dx \ (\lambda, \mu, \nu \in \mathbb{Q})$.

令 $x^\mu = t$, 则

$$x^\lambda(a + bx^\mu)^\nu dx = \frac{1}{\mu} t^{\frac{\lambda+1}{\mu} - 1}(a + bt)^\nu dt.$$

若 $\dfrac{\lambda+1}{\mu} = m \in \mathbb{Z}$, 设 $\nu = \dfrac{p}{q}$, 令 $a + bt = s^q$, 上式为

$$\frac{q}{\mu b} s^{p+q-1}\left(\frac{s^q - a}{b}\right)^m ds.$$

若 $\dfrac{\lambda+1}{\mu} + \nu = n \in \mathbb{Z}$,

$$x^\lambda(a + bx^\mu)^\nu dx = \frac{1}{\mu} t^{n-1}\left(\frac{a + bt}{t}\right)^\nu,$$

此为情形 (3), 可有理化.

若 $\nu \in \mathbb{Z}$, 设 $\dfrac{\lambda+1}{\mu} - 1 = \dfrac{p}{q}$, 令 $t = s^q$, 则上式变为

$$\frac{q}{\mu} s^{p+q-1}(a + bs^q)^\nu ds.$$

可以证明, 上述情形之外不可有理化.

# 习　　题

1. 求下列不定积分:

(1) $\int \sin(x+2)\mathrm{d}x$;

(2) $\int (x^4 + x^5 + x^6)\mathrm{d}x$;

(3) $\int (\sqrt[4]{x} + \sqrt[5]{x} + \sqrt[6]{x})\mathrm{d}x$;

(4) $\int (4^x + 5^x + 6^x + \ln_4 x + \ln_5 x + \ln_6 x)\mathrm{d}x$;

(5) $\int (x^2 - 4)^2 \mathrm{d}x$;

(6) $\int \cos 2x \mathrm{d}x$;

(7) $\int (2^x + 3^x)^2 \mathrm{d}x$;

(8) $\int \sqrt{x\sqrt{x}}\mathrm{d}x$;

(9) $\int \left( \sqrt{\dfrac{1+x}{1-x}} + \sqrt{\dfrac{1-x}{1+x}} \right) \mathrm{d}x$;

(10) $\int \dfrac{\mathrm{d}x}{x^4(1+x^2)}$.

2. 求下列不定积分:

(1) $\int \tan x \mathrm{d}x$;

(2) $\int \cot 2x \mathrm{d}x$;

(3) $\int \sec 3x \mathrm{d}x$;

(4) $\int \dfrac{x}{\sqrt{1-x^2}}\mathrm{d}x$;

(5) $\int \dfrac{1}{\sqrt{1-3x^2}}\mathrm{d}x$;

(6) $\int \mathrm{e}^{2x+5}\mathrm{d}x$;

(7) $\int \dfrac{\mathrm{e}^{-x}}{\sqrt{1+\mathrm{e}^{-2x}}}\mathrm{d}x$;

(8) $\int \sec^2(2x+3)\mathrm{d}x$;

(9) $\displaystyle\int x\sec(x^2)\mathrm{d}x$;

(10) $\displaystyle\int \frac{\ln x}{x}\mathrm{d}x$;

(11) $\displaystyle\int \frac{1}{(\arccos x)^2\sqrt{1-x^2}}\mathrm{d}x$;

(12) $\displaystyle\int \frac{3^x}{2^x}\mathrm{d}x$;

(13) $\displaystyle\int \frac{2x+1}{1+x^2}\mathrm{d}x$;

(14) $\displaystyle\int \frac{2}{3\sin^2 x+4\cos^2 x}\mathrm{d}x$;

(15) $\displaystyle\int \frac{1}{\cosh x}\mathrm{d}x$.

3. 求下列不定积分:

(1) $\displaystyle\int \sqrt{x^2+a^2}\mathrm{d}x$;

(2) $\displaystyle\int \sqrt{x^2-a^2}\mathrm{d}x$;

(3) $\displaystyle\int \sqrt{a^2-x^2}\mathrm{d}x$;

(4) $\displaystyle\int \frac{1}{\sqrt{x^2+a^2}}\mathrm{d}x$;

(5) $\displaystyle\int \frac{1}{\sqrt{x^2-a^2}}\mathrm{d}x$;

(6) $\displaystyle\int \frac{1}{\sqrt{a^2-x^2}}\mathrm{d}x$;

(7) $\displaystyle\int \sqrt{1+x+x^2}\mathrm{d}x$;

(8) $\displaystyle\int \sqrt{1-x-x^2}\mathrm{d}x$;

(9) $\displaystyle\int \frac{x}{\sqrt{1-x+x^2}}\mathrm{d}x$;

(10) $\displaystyle\int x^2\ln x\mathrm{d}x$;

(11) $\displaystyle\int \sin(\ln x)\mathrm{d}x$;

(12) $\displaystyle\int \arcsin x^2\mathrm{d}x$;

(13) $\displaystyle\int \ln x+\sqrt{1+x^2}\mathrm{d}x$;

(14) $\displaystyle\int \mathrm{e}^{2x}\sin(3x)\mathrm{d}x.$

4. 求下列不定积分:

(1) $\displaystyle\int \frac{x^4+1}{x^2+2x+3}\mathrm{d}x;$

(2) $\displaystyle\int \frac{(x+1)^3}{(x-1)^3}\mathrm{d}x;$

(3) $\displaystyle\int \frac{x+4}{x(x-1)^2}\mathrm{d}x;$

(4) $\displaystyle\int \frac{1}{x^3+1}\mathrm{d}x;$

(5) $\displaystyle\int \frac{1}{(x^3+1)^2}\mathrm{d}x;$

(6) $\displaystyle\int \frac{x^2}{(x+1)^2(x+2)^2}\mathrm{d}x;$

(7) $\displaystyle\int \frac{\sqrt{x}(x+1)}{x^2+1}\mathrm{d}x.$

5. 求下列不定积分:

(1) $\displaystyle\int \frac{\mathrm{d}x}{\cos^2 7x};$

(2) $\displaystyle\int x\sqrt[3]{1-3x}\mathrm{d}x;$

(3) $\displaystyle\int \frac{\mathrm{d}x}{1+\sin x};$

(4) $\displaystyle\int \frac{\mathrm{d}x}{x\sqrt{x^2+1}};$

(5) $\displaystyle\int \frac{\mathrm{d}x}{\sqrt{1+x+x^2}};$

(6) $\displaystyle\int \frac{x+3}{\sqrt{4x^2+4x+3}}\mathrm{d}x;$

(7) $\displaystyle\int \sqrt{x}\ln^2 x\mathrm{d}x;$

(8) $\displaystyle\int \frac{x}{\cos^2 x}\mathrm{d}x;$

(9) $\displaystyle\int \frac{x\mathrm{e}^x}{(1+x)^2}\mathrm{d}x;$

(10) $\displaystyle\int \frac{\mathrm{e}^{\arctan x}}{(1+x^2)^{\frac{3}{2}}}\mathrm{d}x;$

(11) $\displaystyle\int \cos(\ln x)\mathrm{d}x;$

(12) $\displaystyle\int \frac{\mathrm{d}x}{(x+1)^2(x-1)}$;

(13) $\displaystyle\int \frac{\mathrm{d}x}{x^4-1}$;

(14) $\displaystyle\int \frac{\mathrm{d}x}{x^4+x^2+1}$.

6. 求下列不定积分:

(1) $\displaystyle\int \frac{\sin x + 2}{1+\cos x}\mathrm{d}x$;

(2) $\displaystyle\int \frac{x\sqrt{1+x^2}+3}{x^2+1}\mathrm{d}x$;

(3) $\displaystyle\int \frac{x+1}{\sqrt[3]{\dfrac{3}{x-2}}+1}\mathrm{d}x$;

(4) $\displaystyle\int \frac{\sqrt{x+1}-\sqrt{x-1}}{\sqrt{x+1}+\sqrt{x-1}}\mathrm{d}x$;

(5) $\displaystyle\int \sin^3 x \cos^2 x\mathrm{d}x$;

(6) $\displaystyle\int \frac{\ln x}{(1+x^2)^{\frac{2}{3}}}\mathrm{d}x$;

(7) $\displaystyle\int x\sin x \cos x \mathrm{e}^x\mathrm{d}x$;

(8) $\displaystyle\int x\arctan(x^2)\ln(1+x^2)\mathrm{d}x$.

# 第六章  定  积  分

## 6.1    定积分的定义

面积是一个非常自然、古已有之的概念, 用来衡量一个平面图形的大小. 对于一些简单的图形, 如矩形和三角形, 初等数学就已经给出了它们的面积公式. 平行四边形、梯形、扇形、圆的面积公式也被大家所熟知. 但是, 一般的封闭几何图形, 其面积怎么求就不是那么简单的了, 甚至连面积的定义也需要认真研究, 才能做到兼具合理性和可操作性.

例如, 之前讨论过的狄利克雷函数

$$D(x) = \begin{cases} 1, & x \in \mathbb{Q}, \\ 0, & x \notin \mathbb{Q}, \end{cases}$$

它在 $[0,1]$ 区间上围出来的图形面积是多少? 也许有同学会猜测为 1, 因为函数的 "图像" 占据了 $y = 1$ 这根线. 也许有同学会猜测为 0, 因为有理数的 "个数" 比无理数少得多, 可以忽略, 那么函数值基本上是 0, 围出的面积也就是 0. 当然, 也不排除有同学会调和一下, 猜测是 $\frac{1}{2}$.

要找出正确的答案, 我们必须从面积的基本定义入手[①].

一般而言, 定积分表示曲线 $f(x)$ 在 $[a,b]$ 区间上与 $x$ 轴围成图形的 (代数) 面积.

考虑一块面包的截面, 暂不考虑厚度, 底面是平的, 放在 $x$ 轴上, 如图 6.1(a) 所示. 不妨记上表面为 $f(x)$, 长度由其所在区间 $[a,b]$ 确定为 $b-a$, 那么, 面包的大小由 $f(x)$ 与 $x$ 轴所夹区域的面积给出.

不妨考虑一个买面包的顾客和卖面包的售货员, 如何就面包的大小达成一致的过程(假设他们都讲道理, 但是从各自利益出发讨价还价). 从顾客的角度说, 希望把面包说得越小越好, 于是捏住最薄的位置, 乘以长度 $(b-a)$. 而售货员则希望说得越大越好, 于是找到最厚的位置, 也乘以长度 $(b-a)$. 因为他们都讲道理, 所以售货员承认不超过自己说的那么大, 顾客也承认不小于自己说的那么大. 这样, 他们不能达成一致, 争议就在于最厚与最薄之间的这段.

---

[①]如果我们把面积认定为定积分, 在不同的定积分定义下, 面积也可以有所不同. 我们这里介绍的是最常用的黎曼积分.

要解决这一矛盾, 如果不去找另一个人仲裁的话, 比较好的办法是把面包切成面包片. 面包如果切得薄一点, 一般其最窄和最宽的厚度之间的差别就比较小, 于是各片加起来之后, 顾客和售货员之间的差别就会更小一点.

特别地, 如果 $f(x) \in C[a,b]$, 它一定一致连续, 因此,

$$\forall \varepsilon > 0, \exists \delta > 0, \forall |x_1 - x_2| < \delta, |f(x_1) - f(x_2)| < \varepsilon.$$

于是, 只要每个切片的长度小于 $\delta$, 就有这个切片上顾客和售货员所争议的厚度之差小于 $\varepsilon$, 因此, 他们之间关于面包大小的总的差别 (可以称之为麻花形的部分) 就小于 $\varepsilon(b-a)$. 换言之, 只要切得充分薄, 就能让他们之间的区别充分小, 如图 6.1(b) 所示.

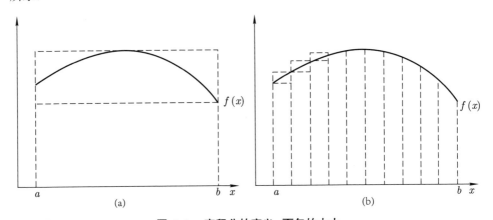

**图 6.1　定积分的定义: 面包的大小**

以下, 我们通过一个极限过程来定义这种基于切片操作的定积分.

第一件事是切好切片, 称之为一个分割

$$P = \{a = x_0 < x_1 < \cdots < x_{n-1} < x_n = b\},$$

对每一小片 $I_i = [x_{i-1}, x_i]$, 其长度记为

$$\Delta x_i = x_i - x_{i-1}.$$

关于厚度, 我们既不能只从售货员, 也不能只从顾客的角度出发, 因此, 在每一个切片上找一个标志点, 以该点的厚度作为近似的厚度, 并且把第 $i$ 个切片的面积近似为 $f(\xi_i)\Delta x_i$. 为了方便, 我们记

$$\xi = \{\xi_1, \cdots, \xi_n\}$$

为标志点组.

有了分割和标志点组, 有限和定义为

$$\sigma(f, P, \xi) = \sum_{i=1}^{n} f(\xi_i) \Delta x_i.$$

有限和就是局部以直代曲, 以矩形代替曲边四边形.

最后, 要用有限和定义出定积分来, 就必须取极限. 但这是一个与以前我们讨论过的序列极限和函数极限都不一样的极限. 在序列极限中只有一个变量 $n$, 在整数上变到无穷; 在函数极限中只有一个变量 $x$, 在实数上变到某个实数 $a$. 在这里, 我们的变量首先是分割 $P$ 中点的个数, 在整数上变到无穷. 其次是这么多点所在的位置, 只要保持它们之间的序, 每一个都可以任意地在实数上变. 再次是标志点组, 在分割确定后的区间内任意地在实数上变. 由于可变的因素太多, 我们就快刀斩乱麻抓住一个指标

$$|P| = \max_{1 \leqslant i \leqslant n} \Delta x_i,$$

称为分割的模, 要求在该指标趋于 0 时, 无论如何分割、如何取标志点组, 有限和均收敛到同一个数, 即称为定积分.

**定义 6.1** $f(x)$ 在 $[a, b]$ 上有定义, 若 $\exists I \in \mathbb{R}, \forall \varepsilon > 0, \exists \delta > 0, \forall |P| < \delta, \forall \xi$, 都有

$$|\sigma(f, P, \xi) - I| < \varepsilon,$$

则称 $f(x)$ 在 $[a, b]$ 上可积, 其定积分为

$$\int_a^b f(x)\mathrm{d}x = \lim_{|P| \to 0} \sigma(f, P, \xi) = I.$$

可读作 "积分 $a$ 到 $b$, $f(x)\mathrm{d}x$ 等于 $I$". 我们称 $a$ 为积分下限, $b$ 为积分上限, $f(x)$ 为被积函数.

上述定义也有 "序列式" 的等价定义, 即通过定义 "无穷细分割序列" 来刻画上述极限.

积分的这种严格化定义是黎曼完成的, 因此这样定义的积分也叫黎曼积分, 上述有限和有时也称为黎曼和[①].

---

[①]另有一种简单的定积分定义, 对每个自然数 $n$, 取分割为 $n$ 等距分割, 即 $x_i = a + \dfrac{i(b-a)}{n}$. 再取标志点为子区间中点, 即 $\xi_i = \dfrac{x_{i-1} + x_i}{2}$, 这时有限和只依赖于 $n$ 的选取, 可记为

$$\sigma_n = \sum_{i=1}^{n} f\left(a + \frac{(2i-1)(b-a)}{2n}\right) \frac{b-a}{n}.$$

若序列 $\{\sigma_n\}$ 收敛于 $I$, 则称之为函数的定积分. 在这一定义下, 狄利克雷函数在 $[0, 1]$ 和 $[\pi, \pi+1]$ 都可积, 但前者积分为 1, 而后者为 0.

**例 6.1**  求 $f(x) = h$ 在区间 $[a, b]$ 上的积分.

**解**  容易知道, 无论怎样分割, 黎曼和都是

$$\sigma(f, P, \xi) = h(b - a),$$

因此, 定积分就是

$$\int_a^b h dx = h(b - a).$$

**例 6.2**  求狄利克雷函数 $D(x)$ 在区间 $[0, 1]$ 上的积分.

**解**  无论怎样选择分割 $P$, 在任何一个子区间 $[x_{i-1}, x_i]$ 上, 都同时有有理点和无理点. 若我们一致地取有理点为标志点, 黎曼和为 1; 而若一致地取无理点为标志点, 黎曼和则为 0. 因此, 狄利克雷函数在 $[0, 1]$ 上不可积①.

由于有限和具有线性性, 而极限过程是保持线性性的, 因此我们有以下定理.

**定理 6.1 (线性性)**  若 $f(x)$ 和 $g(x)$ 在 $[a, b]$ 上可积, 则 $\forall \lambda, \mu \in \mathbb{R}$, 必有 $\lambda f(x) + \mu g(x)$ 可积, 且

$$\int_a^b \lambda f(x) + \mu g(x) \mathrm{d}x = \lambda \int_a^b f(x) \mathrm{d}x + \mu \int_a^b g(x) \mathrm{d}x.$$

**证明**  首先, 我们记

$$\int_a^b f(x) \mathrm{d}x = A, \qquad \int_a^b g(x) = B.$$

$\forall \varepsilon > 0$, 由 $f(x)$ 在 $[a, b]$ 上可积知: $\exists \delta_1 > 0, \forall |P| < \delta_1, \forall \xi$,

$$|\sigma(f, P, \xi) - A| < \frac{\varepsilon}{2 \max\{|\lambda|, |\mu|\} + 1}.$$

同样地, 由 $g(x)$ 在 $[a, b]$ 上可积知, $\exists \delta_2 > 0, |P| < \delta_2, \forall \xi$,

$$|\sigma(g, P, \xi) - B| < \frac{\varepsilon}{2 \max\{|\lambda|, |\mu|\} + 1}.$$

取 $\delta = \min\{\delta_1, \delta_2\} > 0, \forall |P| < \delta$, 就有

$$|P| < \delta_1, |P| < \delta_2,$$

于是 $\forall \xi$, 都有

$$|\sigma(f, P, \xi) - A| < \frac{\varepsilon}{2 \max\{|\lambda|, |\mu|\} + 1},$$

---

①可以说, 此时 "麻花" 的面积非 0(恒为 1), 因此不可积.

和

$$|\sigma(g,P,\xi) - B| < \frac{\varepsilon}{2\max\{|\lambda|,|\mu|\}+1},$$

因此

$$|\sigma(\lambda f + \mu g, P, \xi) - (\lambda A + \mu B)|$$
$$\leqslant |\lambda||\sigma(f,P,\xi) - A| + |\mu||\sigma(g,P,\xi) - B|$$
$$< \varepsilon.$$

**定理 6.2 (关于积分区间的可加性)**　　若 $f(x)$ 在 $[a,b]$ 和 $[b,c]$ 上均可积 $(a < b < c)$, 则它在 $[a,c]$ 上可积, 且

$$\int_a^c f(x)\mathrm{d}x = \int_a^b f(x)\mathrm{d}x + \int_b^c f(x)\mathrm{d}x.$$

作为准备, 我们首先给出可积函数必有界的引理.

**引理 6.1 (有界性)**　　如果 $f(x)$ 在 $[a,b]$ 上可积, 那么它在 $[a,b]$ 上有界.

**证明**　　设若不然, 令 $\displaystyle\int_a^b f(x)\mathrm{d}x = I$, 而 $f(x)$ 在 $[a,b]$ 上无界. 由定义, 取 $\varepsilon = 1 > 0, \exists \delta > 0, \forall |P| < \delta, \forall \xi$, 有

$$|\sigma(f,P,\xi) - I| < \varepsilon,$$

于是

$$|\sigma(f,P,\xi)| < |I| + 1.$$

现任意取定一个这样的分割 $P$, 由 $f(x)$ 在 $[a,b]$ 上无界, 它必定在其中某个子区间 $[x_{i-1},x_i]$ 上无界 (有多个无界子区间时任意取定一个即可).

先取定一组标志点 $\{\xi_j | j = 1, \cdots, i-1, i+1, \cdots, n\}$, 最后在区间 $[x_{i-1},x_i]$ 上取一个标志点 $\xi_i$, 满足

$$|f(\xi_i)| > \frac{1}{\Delta x_i}\left(\left|\sum_{j \neq i} f(\xi_j)\Delta x_j\right| + |I| + 1\right),$$

则

$$|\sigma(f,P,\xi)| \geqslant |f(\xi_i)|\Delta x_i - \left|\sum_{j \neq i} f(\xi_j)\Delta x_j\right| > |I| + 1,$$

这与 $|\sigma(f,P,\xi)| < |I| + 1$ 矛盾.

现在我们证明积分可加性定理.

**证明** $\forall \varepsilon > 0$, 由 $f(x)$ 在 $[a, b]$ 上可积, $\exists \delta_1 > 0$, 对于任意模长小于 $\delta_1$ 的分割、任意的标志点组, 均有黎曼和与 $\int_a^b f(x)\mathrm{d}x$ 的差小于 $\varepsilon$. 同理由 $f(x)$ 在 $[b, c]$ 上可积, $\exists \delta_2 > 0$, 对于任意模长小于 $\delta_2$ 的分割、任意的标志点组, 均有黎曼和与 $\int_b^c f(x)\mathrm{d}x$ 的差小于 $\varepsilon$.

此外, 由 $[a, b], [b, c]$ 上可积性知 $f(x)$ 在 $[a, c]$ 上有界, 不妨记为 $M$.

对于 $[a, c]$ 的一个满足模长小于 $\delta = \min\left\{\delta_1, \delta_2, \dfrac{\varepsilon}{2M}\right\}$ 的分割 $P = \{a = x_0 < \cdots < x_m = c\}$ 和任意一个标志点组 $\xi = \{\xi_1, \cdots, \xi_m\}$:

情形一. 如果 $b = x_n$ 是一个分割点, 那么有

$$\sigma(f, P, \xi) = \sum_{i=1}^m f(\xi_i)\Delta x_i = \sum_{i=1}^n f(\xi_i)\Delta x_i + \sum_{i=n+1}^m f(\xi_i)\Delta x_i,$$

其中 $P_1 = \{x_0, \cdots, x_n\}$ 是 $[a, b]$ 的分割, 满足 $|P_1| < \delta \leqslant \delta_1$, $\{\xi_1, \cdots, \xi_n\}$ 是一个标志点组, 因此

$$\left|\sum_{i=1}^n f(\xi_i)\Delta x_i - \int_a^b f(x)\mathrm{d}x\right| < \varepsilon.$$

类似知道

$$\left|\sum_{i=n+1}^m f(\xi_i)\Delta x_i - \int_b^c f(x)\mathrm{d}x\right| < \varepsilon.$$

因此,

$$\left|\sum_{i=1}^m f(\xi_i)\Delta x_i - \int_a^b f(x)\mathrm{d}x - \int_b^c f(x)\mathrm{d}x\right| < 2\varepsilon.$$

情形二. 如果 $b$ 不是分割点. 我们考察增加了 $b$ 为分割点的新分割

$$P^* = P \cup \{b\} = \{a = x_0 < \cdots < x_n < b < x_{n+1} < \cdots < x_m = c\}.$$

比较

$$\sum_{i=1}^m f(\xi_i)\Delta x_i = \sum_{i=1}^n f(\xi_i)\Delta x_i + f(\xi_{n+1})\Delta x_{n+1} + \sum_{i=n+2}^m f(\xi_i)\Delta x_i$$

与

$$\sigma_1 = \sum_{i=1}^n f(\xi_i)\Delta x_i + f(b)(b - x_n),$$

$$\sigma_2 = f(b)(x_{n+1} - b) + \sum_{i=n+2}^m f(\xi_i)\Delta x_i,$$

显然, 有

$$\left| \sum_{i=1}^{m} f(\xi_i)\Delta x_i - (\sigma_1 + \sigma_2) \right| = |(f(\xi_{n+1}) - f(b))(x_{n+1} - x_n)|$$

$$\leqslant 2M|P|$$

$$< 2M\delta$$

$$\leqslant \varepsilon.$$

另一方面, $\{x_0, \cdots, x_n, b\}$ 是 $[a,b]$ 的一个满足模长小于 $\delta_1$ 的分割, 因此, $\left| \sigma_1 - \int_a^b f(x)\mathrm{d}x \right| < \varepsilon$; 同理 $\left| \sigma_2 - \int_b^c f(x)\mathrm{d}x \right| < \varepsilon$.

综上,

$$\left| \sum_{i=1}^{m} f(\xi_i)\Delta x_i - \int_a^b f(x)\mathrm{d}x - \int_b^c f(x)\mathrm{d}x \right| < 3\varepsilon.$$

若函数 $f(x)$ 在区间 $[a,b]$ 上可积, 我们定义

$$\int_b^a f(x)\mathrm{d}x = -\int_a^b f(x)\mathrm{d}x.$$

特别地,

$$\int_a^a f(x)\mathrm{d}x = 0.$$

可加性定理现在可以一般地叙述为

$$\int_a^c f(x)\mathrm{d}x = \int_a^b f(x)\mathrm{d}x + \int_b^c f(x)\mathrm{d}x.$$

这里, 我们不区分 $a, b, c$ 的相对大小, 上述表达式若右端的两个积分存在的话, 左端的积分一定存在且等式成立.

对于一般的函数, 很难采用黎曼和的办法直接证明其定积分存在. 我们将在下学期研究函数的可积性问题, 一个重要的结论是闭区间上连续函数必可积.

尽管如此, 从定义出发我们还是可以推出一些积分的有用性质.

**定理 6.3 (保号性)** 若函数 $f(x)$ 在区间 $[a,b]$ 上可积且非负, 则 $\int_a^b f(x)\mathrm{d}x \geqslant 0$.

**证明** 否则设

$$\int_a^b f(x)\mathrm{d}x = I < 0,$$

取 $\varepsilon = -\dfrac{I}{2} > 0$, 由可积性知 $\exists \delta > 0$, 任意取定一个分割 $|P| < \delta$ 和一个标志点组 $\xi$, 有

$$|\sigma(f, P, \xi) - I| < \varepsilon,$$

于是

$$\sigma(f,P,\xi) < \frac{I}{2} < 0.$$

然而, 由 $f(x) \geqslant 0$ 知

$$\sigma(f,P,\xi) \geqslant 0,$$

矛盾.

值得思考的是, 为什么这里没有从 $\sigma(f,P,\xi) \geqslant 0$ 出发, 通过取极限直接推出积分非负? 原因在于积分这个极限不是过去学过的序列极限或函数极限, 不能直接套用那里的保号性, 而得按照那里的证明方式, 根据定积分的定义来反证.

另外, 如果函数 $f(x) \geqslant 0$ 在区间 $[a,b]$ 上可积, 且它是连续不恒为 0 的函数, 那么定积分一定为正. 证明留给读者.

由上述定理, 我们容易得到以下定理.

**定理 6.4 (单调性)**　若函数 $f(x), g(x)$ 都在区间 $[a,b]$ 上可积, 且 $f(x) \geqslant g(x)$, 则

$$\int_a^b f(x)\mathrm{d}x \geqslant \int_a^b g(x)\mathrm{d}x.$$

**定理 6.5 (第一中值定理)**　若函数 $f(x)$ 在区间 $[a,b]$ 上可积, $m \leqslant f(x) \leqslant M$ $(\forall x \in [a,b])$, 则

$$m(b-a) \leqslant \int_a^b f(x)\mathrm{d}x \leqslant M(b-a).$$

特别地, 若 $f(x)$ 连续, 则

$$\exists c \in [a,b], \int_a^b f(x)\mathrm{d}x = f(c)(b-a).$$

**证明**　由 $m \leqslant f(x) \leqslant M$, 上述单调性定理告诉我们,

$$m(b-a) = \int_a^b m\mathrm{d}x \leqslant \int_a^b f(x)\mathrm{d}x \leqslant \int_a^b M\mathrm{d}x = M(b-a).$$

若 $f(x)$ 连续, 则在闭区间 $[a,b]$ 上必定取到最大最小值, 分别记为 $M, m$, 上述不等式成立. 再同除以 $(b-a)$, 得到

$$m \leqslant \frac{\int_a^b f(x)\mathrm{d}x}{b-a} \leqslant M.$$

这就是说 $\dfrac{\int_a^b f(x)\mathrm{d}x}{b-a}$ 介于最大最小值之间, 因此由介值定理必定 $\exists c \in [a,b], f(c) =$

$\dfrac{\displaystyle\int_a^b f(x)\mathrm{d}x}{b-a}$, 此即

$$\int_a^b f(x)\mathrm{d}x = f(c)(b-a).$$

中值定理的后一个结论可以用挖山填海的方式来理解, 见图 6.2.

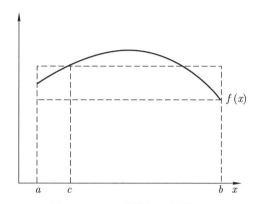

**图 6.2  定积分的第一中值定理**

## 6.2  牛顿–莱布尼茨公式

牛顿–莱布尼茨公式也称为微积分学基本定理, 它联系了导数 (不定积分) 和定积分.

**定理 6.6 (牛顿–莱布尼茨公式)**  $f(x) \in C[a,b]$, $F(x) \in C^1[a,b]$, 且 $F'(x) = f(x)$(即 $F(x)$ 是 $f(x)$ 的一个原函数), 则 $f(x)$ 在区间 $[a,b]$ 上可积, 且

$$\int_a^b f(x)dx = F(b) - F(a) \equiv F(x)\big|_a^b.$$

**证明**  由 $f(x)$ 连续知它一致连续,

$$\forall \varepsilon > 0, \exists \delta > 0, \forall x_1, x_2 \in [a,b], |x_1 - x_2| < \delta,$$

就有

$$|f(x_1) - f(x_2)| < \frac{\varepsilon}{b-a}.$$

任意选定一个分割 $|P| < \delta$, 在其每个小区间 $[x_{i-1}, x_i]$ 上, 由 $F(x)$ 连续可微知 $\exists \xi_i \in [x_{i-1}, x_i]$,

$$F(x_i) - F(x_{i-1}) = F'(\xi_i) \cdot (x_i - x_{i-1}) = f(\xi_i)\Delta x_i.$$

对于这组拉格朗日中值点构成的标志点组 $\xi$, 有

$$
\begin{aligned}
\sigma(f, P, \xi) &= \sum_{i=1}^{n} f(\xi_i)\Delta x_i \\
&= \sum_{i=1}^{n} (F(x_i) - F(x_{i-1})) \\
&= F(b) - F(a).
\end{aligned}
$$

考虑任意一个标志点组 $\eta = \{\eta_i | i = 1, \cdots, n\}$, 由于 $|P| < \delta$, 故

$$
|\eta_i - \xi_i| \leqslant |x_i - x_{i-1}| < \delta,
$$

由一致连续性,

$$
|f(\xi_i) - f(\eta_i)| < \frac{\varepsilon}{b - a},
$$

于是

$$
\sigma(f, P, \eta) - \sigma(f, P, \xi) = \sum (f(\xi_i) - f(\eta_i))\Delta x_i < \varepsilon.
$$

因此,

$$
|\sigma(f, P, \eta) - [F(a) - F(b)]| = |\sigma(f, P, \eta) - \sigma(f, P, \xi)| < \varepsilon.
$$

这就证明了

$$
\int_a^b f(x)\mathrm{d}x = F(x)\Big|_a^b.
$$

**例 6.3**　求 $\displaystyle\int_a^b x\mathrm{d}x$.

**解**

$$
\int_a^b x\mathrm{d}x = \frac{x^2}{2}\Big|_a^b = \frac{b^2 - a^2}{2}.
$$

**例 6.4**　求 $\displaystyle\int_0^1 \mathrm{e}^x\mathrm{d}x$.

**解**

$$
\int_0^1 \mathrm{e}^x\mathrm{d}x = \mathrm{e}^x\big|_0^1 = \mathrm{e} - 1.
$$

**例 6.5**　求 $\displaystyle\lim_{n\to\infty} \sum_{i=1}^{n} \frac{1}{n+i}$.

**解** 我们把下述和式与等距分割下选定标志点的黎曼和对应, 就可以用定积分求其极限 (见图 6.3):

$$\lim_{n\to\infty}\sum_{i=1}^{n}\frac{1}{n+i} = \lim_{n\to\infty}\sum_{i=1}^{n}\frac{1}{1+i/n}\cdot\frac{1}{n}$$

$$= \int_{0}^{1}\frac{1}{1+x}\mathrm{d}x$$

$$= \ln(1+x)\big|_{0}^{1}$$

$$= \ln 2.$$

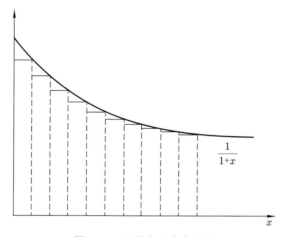

**图 6.3 利用定积分求极限**

在不定积分中发展的换元法和分部积分法依旧适用.

**定理 6.7 (换元法)** 若 $f(x) \in C[a,b], \varphi(t) \in C^1[\alpha,\beta], \varphi(\alpha) = a, \varphi(\beta) = b,$ $\varphi((\alpha,\beta)) \subset (a,b),$ 且

$$\int_{u}^{b} f(x)\mathrm{d}x, \quad \int_{\alpha}^{\beta} f(\varphi(t))\varphi'(t)\mathrm{d}t$$

中一个可积, 则另一个必可积且相等.

**证明** 若 $F(x)$ 为一个原函数 (因而是 $C^1$ 的), 则 $F(\varphi(t))$ 为 $f(x)\varphi'(t)$ 的一个原函数 (也是 $C^1$ 的), 由牛顿–莱布尼茨公式知 $\int_{a}^{b} f(x)\mathrm{d}x$ 可积时, $\int_{\alpha}^{\beta} f(\varphi(t))\varphi'(t)\mathrm{d}t$ 也可积, 且相等.

反之亦然.

**例 6.6** 求 $\int_{0}^{2} xe^{x^2}\mathrm{d}x.$

**解** ①

$$\int_0^2 xe^{x^2}dx = \frac{1}{2}\int_0^4 e^y dy$$
$$= \frac{1}{2}e^y\Big|_0^4$$
$$= \frac{e^4 - 1}{2}.$$

**定理 6.8 (分部积分)** 若 $u \in C^1[a,b], v \in C[a,b]$, 且 $u'(x)v(x)$ 在 $[a,b]$ 上可积, 则 $u(x)v'(x)$ 可积, 且

$$\int_a^b uv'dx = uv\Big|_a^b - \int_a^b u'vdx.$$

**例 6.7** 求 $\int_0^2 xe^x dx$.

**解**

$$\int_0^2 xe^x dx = \int_0^2 xde^x$$
$$= xe^x\Big|_0^2 - \int_0^2 e^x dx$$
$$= 2e^2 - e^x\Big|_0^2$$
$$= e^2 + 1.$$

## 6.3  定积分的应用 —— 微元法

定积分有很多应用, 在今后各门专业课程的学习中会不断用到. 牛顿–莱布尼茨公式给出了定积分的计算公式, 于是应用的关键就在于如何正确地形成定积分的表达式. 从下面的例子中可以看到, 核心在于找到适当的微元.

### 6.3.1  平面图形的面积

对于函数 $f(x)$ 与 $x$ 轴所夹平面图形, 面积微元为 $f(x)dx$. 一般图形可能要通过对称、旋转、分块等化为与坐标轴之间部分的面积.

**例 6.8** 求椭圆 $\dfrac{x^2}{a^2} + \dfrac{y^2}{b^2} = 1$ 所围区域的面积.

---

①定积分换元法不用像不定积分那样换回原来的自变量, 只要注意上下限即可.

**解**　由对称性,

$$S = 4\int_0^1 y\mathrm{d}x$$
$$= 4\int_0^1 b\sqrt{1 - \frac{x^2}{a^2}}\mathrm{d}x$$
$$= 4ab\int_0^{\pi/2} \cos^2 t\mathrm{d}t$$
$$= \pi ab.$$

**例 6.9**　如图 6.4所示, 求抛物线 $y^2 = 2x$ 与直线 $y = x - 4$ 围成图形的面积.

**解**　首先联立方程求出交点 $(x_1, y_1) = (2, -2), (x_2, y_2) = (8, 4)$. 用 $x\mathrm{d}y$ 为面积微元求出面积

$$S = \int_{-2}^4 \left(y + 4 - \frac{y^2}{2}\right)\mathrm{d}y$$
$$= 18.$$

也可以用 $y\mathrm{d}x$ 为微元, 面积为

$$S = 2\int_0^2 \sqrt{2x}\mathrm{d}x + \int_2^8 (\sqrt{2x} - (x - 4))\mathrm{d}x$$
$$= 18.$$

其中, 前者较为简便.

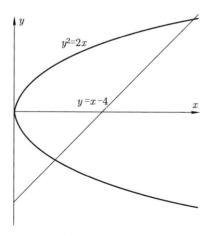

**图 6.4**　**抛物线 $y^2 = 2x$ 与直线 $y = x - 4$ 围成图形**

我们再讨论极坐标系下的图形面积.

　　考虑极坐标下的曲线 $r = r(\theta)$, 假设该函数连续, 在角度为 $\theta$ 和 $\theta + \Delta\theta$ 的极径围成小区域内, 不妨设 $r = r(\theta)$ 的最小值在 $\alpha$ 取得, 而最大值在 $\beta$ 取得. 那么, 上述小区域的面积, 必定在区间

$$\left[\frac{1}{2}(r(\alpha))^2\Delta\theta, \frac{1}{2}(r(\beta))^2\theta\right]$$

上. 如果 $r = r(\theta)$ 连续, 可以知道 $\frac{1}{2}r(\theta)^2\mathrm{d}\theta$ 的定积分存在. 于是当极角的分割充分细 ($\Delta\theta$ 充分小) 时, 相应的有限和一定收敛到定积分. 因此, 我们可以把 $\frac{1}{2}r(\theta)^2\mathrm{d}\theta$ 作为极坐标下的面积微元, 见图 6.5.

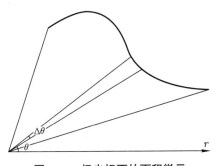

**图 6.5　极坐标下的面积微元**

对于极坐标下的面积计算, 重要的是作出草图, 以确定积分区域.

　　**例 6.10**　双纽线 $r^2 = a^2\cos 2\theta$.

　　**解**　我们先在 $\theta \in [0, 2\pi]$ 作出 $r(\theta)$ 的图形, 发现仅对

$$\theta \in \left[0, \frac{\pi}{4}\right] \cup \left[\frac{3\pi}{4}, \frac{5\pi}{4}\right] \cup \left[\frac{7\pi}{4}, 2\pi\right]$$

有定义, 而且在 $\left[0, \dfrac{\pi}{4}\right]$ 上, 极径的长度由 $a$ 逐渐减小为 0. 再由对称性我们就得到了双纽线的大致图像 (见图 6.6), 而其面积为

$$\begin{aligned}
S &= 4\int_0^{\frac{\pi}{4}} \frac{1}{2}a^2\cos 2\theta\mathrm{d}\theta \\
&= 2a^2\frac{1}{2}\sin 2\theta\Big|_0^{\frac{\pi}{4}} \\
&= a^2.
\end{aligned}$$

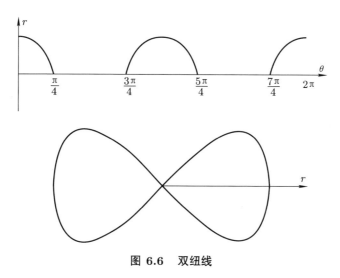

图 6.6　双纽线

**例 6.11** 心形线 $r = a(1 + \cos\theta)$[①].

**解**　在 $\theta \in [0, 2\pi]$ 作出 $r(\theta)$ 的图形, 看到极径恒非负, 且在 $[0, \pi]$ 上从 $a$ 逐渐减小为 0. 再由对称性就得到了心形线的大致图像 (见图 6.7). 而其面积为

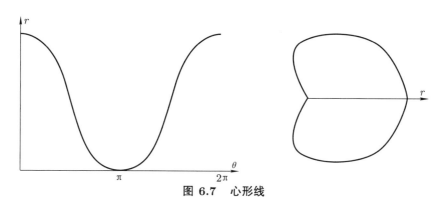

图 6.7　心形线

$$
\begin{aligned}
S &= 2 \int_0^\pi \frac{1}{2} a^2 (1 + \cos\theta)^2 \mathrm{d}\theta \\
&= a^2 \int_0^\pi \left( \frac{3}{2} + 2\cos\theta + \frac{\cos 2\theta}{2} \right) \mathrm{d}\theta
\end{aligned}
$$

---

[①]更像红心标记的函数可以试试 $r(\theta) = \tan\dfrac{\pi}{2.6} - \tan\dfrac{\theta}{1.3}$, 这里 $\theta \in \left[-\dfrac{\pi}{2}, \dfrac{\pi}{2}\right]$ 给出右半支曲线, 对称的图形给出左半支.

$$= a^2 \left( \frac{3\theta}{2} + 2\sin\theta + \frac{\sin 2\theta}{4} \right) \Big|_0^\pi$$

$$= \frac{3}{2}\pi a^2.$$

### 6.3.2 旋转体与其他图形的体积

对于某些特殊图形的体积, 也可以用定积分方便地处理.

例如, 对于函数 $x = f(z)$ 围绕 $z$ 轴旋转所得曲面为外表面的旋转体, 我们在 $[z, z + \Delta z]$ 上考虑, 相应的实际体积介于内圆柱体和外圆柱体之间, 因此可以得到体积微元为 $\pi x(z)^2 \mathrm{d}z$, 见图 6.8.

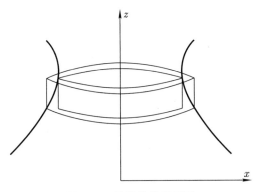

**图 6.8　旋转体体积微元**

**例 6.12**　如图 6.9 所示, 求由 $\dfrac{x^2}{a^2} + \dfrac{z^2}{b^2} = 1$ 绕 $z$ 轴旋转所得椭球的体积.

**解**

$$V = 2\pi \int_0^b a^2 \left( 1 - \frac{z^2}{b^2} \right) \mathrm{d}z$$

$$= 2a^2 \left( z - \frac{z^3}{3b^2} \right) \Big|_0^b$$

$$= \frac{4}{3}\pi a^2 b.$$

体积微元的另一种表述方式是通过一个坐标 (如 $x$) 给出的相应 $(y, z)$ 截面面积 $S(x)$ 而得出为 $S(x)\mathrm{d}x$. 事实上, 前述旋转体的截面面积在 $z$ 方向上就是 $\pi(x(z))^2$. 这一体积微元的表述形式, 也直接给出了中学数学中讲的祖暅原理 (幂势既同, 则积不容异).

**例 6.13**　求由 $\dfrac{x^2}{a^2} + \dfrac{y^2}{b^2} + \dfrac{z^2}{c^2} = 1$ 围成的椭球体的体积.

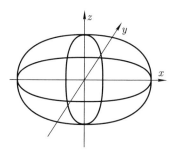

图 6.9    旋转椭球

**解**    对于 $x \geqslant 0$, 截面椭圆

$$\frac{y^2}{b^2 \left( 1 - \dfrac{x^2}{a^2} \right)} + \frac{z^2}{c^2 \left( 1 - \dfrac{x^2}{a^2} \right)} = 1$$

的面积为

$$S(x) = \pi bc \left( 1 - \frac{x^2}{a^2} \right),$$

故椭球体体积为

$$V = 2 \int_0^a \pi bc \left( 1 - \frac{x^2}{a^2} \right) \mathrm{d}x$$

$$= 2\pi bc \left( x - \frac{x^3}{3a^2} \right) \Big|_0^a$$

$$= \frac{4}{3} \pi abc.$$

**例 6.14**    求正劈锥体 $\left\{ (x, y, z) \,\Big|\, x^2 + \left( \dfrac{H}{H - z} y \right)^2 \leqslant a^2 \right\}$ (底面为圆 $x^2 + y^2 = a^2$, 顶棱为 $z = H, y = 0$) 的体积.

**解**    考虑 $[x, x + \Delta x]$ 之间的一个小片, 可近似为一个三棱柱, 于是体积微元为

$$H \sqrt{a^2 - x^2} \mathrm{d}x.$$

其体积为

$$V = 2 \int_0^a H \sqrt{a^2 - x^2} \mathrm{d}x$$

$$= 2H \int_0^{\frac{\pi}{2}} a \cos \theta \mathrm{d}(a \sin \theta)$$

$$= 2Ha^2 \int_0^{\frac{\pi}{2}} \frac{1 + \cos 2\theta}{2} \mathrm{d}\theta$$

$$= Ha^2 \left( \theta + \frac{\sin 2\theta}{2} \right) \Big|_0^{\frac{\pi}{2}}$$
$$= \frac{\pi}{2} Ha^2.$$

### 6.3.3　平面曲线弧长

对于曲线 $y = f(x)$, 我们可以用折线来近似其长度 (见图 6.10), $[x, x + \Delta x]$ 上的长度近似为

$$\sqrt{(\Delta x)^2 + (f(x + \Delta x) - f(x))^2} = \sqrt{1 + (f'(\xi))^2} \Delta x,$$

于是弧长微元为

$$\sqrt{1 + (f')^2} \mathrm{d}x.$$

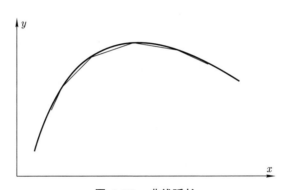

**图 6.10　曲线弧长**

如果采用参数坐标 $(x(t), y(t))$, 类似可得 $[t, t + \Delta t]$ 上的长度近似为

$$\sqrt{(x(t + \Delta t) - x(t))^2 + (y(t + \Delta t) - y(t))^2} = \sqrt{(x'(\xi))^2 + (y'(\eta))^2} \Delta t,$$

其中 $\xi, \eta \in [t, t + \Delta t]$. 当 $\Delta t \to 0$ 时, 它们都趋于 $t$, 因此, 弧长微元为[①]

$$\sqrt{(x')^2 + (y')^2} \mathrm{d}t.$$

特别地, 在极坐标下, $x = r\cos\theta, y = r\sin\theta$, 弧长单元为

$$\sqrt{(r(\theta))^2 + (r'(\theta))^2} \mathrm{d}\theta.$$

---

[①]严格的分析需要考察

$$\sqrt{(x'(\xi))^2 + (y'(\eta))^2} - \sqrt{(x'(\xi))^2 + (y'(\xi))^2} = \frac{(y'(\eta))^2 - (y'(\xi))^2}{\sqrt{(x'(\xi))^2 + (y'(\eta))^2} - \sqrt{(x'(\xi))^2 + (y'(\xi))^2}}.$$

若 $y(t) \in C^1$, 则上式为 $o(1)$ 量, 此时前述弧长微元是适当的.

**例 6.15** 求螺线 $r = a\theta$ 在 $\theta \in [0, 2\pi]$ 区间段的长度.

**解**

$$
\begin{aligned}
L &= \int_0^{2\pi} \sqrt{a^2\theta^2 + a^2}\,\mathrm{d}\theta \\
&= \frac{a}{2}[\theta\sqrt{1 + \theta^2} + \ln(\theta + \sqrt{1 + \theta^2})]\Big|_0^{2\pi} \\
&= \frac{a}{2}[2\pi\sqrt{1 + 4\pi^2} + \ln(2\pi + \sqrt{1 + 4\pi^2})]
\end{aligned}
$$

与平面曲线类似, 三维空间曲线的弧长微元为

$$
\sqrt{(x')^2 + (y')^2 + (z')^2}\,\mathrm{d}t.
$$

### 6.3.4 旋转体侧面积

对于旋转体的侧面积, 我们可以做与弧长微元类似的讨论, 得到面积微元 (用圆台的侧面积近似) 为

$$
2\pi x(z)\sqrt{1 + (x'(z))^2}\,\mathrm{d}z,
$$

或

$$
2\pi x(t)\sqrt{(x'(t))^2 + (z'(t))^2}\,\mathrm{d}t.
$$

**例 6.16** 求由 $\dfrac{x^2}{a^2} + \dfrac{z^2}{b^2} = 1$ 绕 $z$ 轴旋转所得椭球的表面积.

**解**

$$
\begin{aligned}
S &= 4\pi\int_0^b a\sqrt{1 - \frac{z^2}{b^2}}\sqrt{1 + \frac{a^2\dfrac{z^2}{b^4}}{1 - \dfrac{z^2}{b^2}}}\,\mathrm{d}z \\
&= 4\pi a\int_0^b \sqrt{1 + \frac{a^2 - b^2}{b^4}z^2}\,\mathrm{d}z \\
&= 4\pi a\frac{b}{\sqrt{a^2 - b^2}}\frac{1}{2}\left(\frac{\sqrt{a^2 - b^2}}{b}z\sqrt{1 + \frac{a^2 - b^2}{b^4}z^2}\right. \\
&\quad \left. + \ln\left|\frac{\sqrt{a^2 - b^2}}{b}z + \sqrt{1 + \frac{a^2 - b^2}{b^4}z^2}\right|\right)\Bigg|_0^b \\
&= 2\pi a\left(a + \frac{b^2}{\sqrt{a^2 - b^2}}\ln\frac{a + \sqrt{a^2 - b^2}}{b}\right).
\end{aligned}
$$

如果是半径为 $R$ 的球, 上式就退化成 $4\pi R^2$.

### 6.3.5  物理应用

微元法更多的应用是在物理问题中, 可以说微元法是物理建模的最主要手段之一. 我们仅以弹簧振子为例介绍变力做功问题.

对于轻质弹簧牵引的滑块在无摩擦的水平面上运动, 我们将滑块从平衡位置拉到位移 $a$. 在位移为 $x$ 时, 由胡克定律拉力应为

$$F(x) = -kx,$$

因此拉到 $x + \Delta x$ 做功约为 $-kx\Delta x$, 做功微元因此是

$$dW = -kxdx,$$

于是当振子从 $0$ 到 $a$, 总功为

$$W = -\int_0^a kxdx = -\frac{1}{2}ka^2.$$

这也给出了弹簧势能的表达式.

$$V = -W = \frac{1}{2}ka^2$$

### 6.3.6  小结与讨论

微元法处理问题可分成分割、近似、求和、极限四步. 熟悉之后, 可以直接写成近似、积分两步.

这里如何近似需要结合具体应用, 不断积累经验. 从正确求积分的角度来看, 我们写出近似 (微元) 表达式的基本要求是: 抓住 $O(\Delta x)$ 项, 对于量阶在 $o(\Delta x)$ (通常是 $O((\Delta x)^2)$) 的就不必去抓, 以降低计算复杂度. 举例来说, 在旋转体求体积时, 圆柱就抓住了体积的主要部分, 不需要以圆台来近似. 而在求其侧面积时, 圆柱未能给出正确的一阶项, 必须用圆台的侧面积才行.

## 6.4  泰勒公式再讨论

如果函数 $f(x)$ 充分高阶可导, 那么它在点 $a$ 附近可以表示为

$$f(x) = \sum_{k=0}^{n} \frac{f^{(k)}(a)}{k!}(x-a)^k + R_{n+1}(x),$$

其中余项可写为

$$R_{n+1}(x) = o((x-a)^n) \ (\text{小 } o \text{ 余项}),$$

或

$$R_{n+1}(x) = \frac{f^{(n+1)}(\xi)}{(n+1)!}(x-a)^{n+1} \text{ (拉格朗日余项)}.$$

我们可以从积分的角度, 重新推导并给出余项表达式.

先考虑一个 $C^{n+1}[0,1]$ 的函数 $\psi(t)$, 不断地分部积分给出

$$\begin{aligned}
\psi(1) &= \psi(0) + \int_0^1 \psi'(t)\mathrm{d}t \\
&= \psi(0) - \int_{t=0}^1 \psi'(t)\mathrm{d}(1-t) \\
&= \psi(0) - \psi'(t)(1-t)|_0^1 + \int_0^1 \psi''(t)(1-t)\mathrm{d}t \\
&= \psi(0) + \psi'(0) - \frac{1}{2}\int_0^1 \psi''(t)\mathrm{d}(1-t)^2 \\
&\quad\cdots\cdots \\
&= \sum_{k=0}^n \frac{\psi^{(k)}(0)}{k!} + \frac{1}{n!}\int_0^1 \psi^{(n+1)}(t)(1-t)^n\mathrm{d}t.
\end{aligned}$$

第一项就是泰勒展开中的主项部分, 这里 $x-a = 1-0 = 1$.

现在, 对于 $C^{n+1}$ 的函数 $f(x)$, 令

$$\psi(t) = f(a + t(x-a)),$$

注意到

$$\psi^{(k)}(t) = f^{(k)}(a + t(x-a))(x-a)^k,$$

我们可以从上述 $\psi(1)$ 的展开式得到

$$f(x) = \sum_{k-0}^n \frac{f^{(k)}(a)}{k!}(x-a)^k + \frac{(x-a)^{n+1}}{n!}\int_0^1 (1-t)^n f^{(n+1)}(a + t(x-a))\mathrm{d}t.$$

也就是说, 我们有前述泰勒展开式的主要部分, 以及积分余项

$$R_{n+1}(x) = \frac{(x-a)^{n+1}}{n!}\int_0^1 (1-t)^n f^{(n+1)}(a + t(x-a))\mathrm{d}t.$$

值得强调的是, 积分余项是精确的余项表达式.

积分中值定理给出另一种余项, 称为柯西余项:

$$R_{n+1}(x) = \frac{(x-a)^{n+1}}{n!}(1-\theta)^n f^{(n+1)}(a + \theta(x-a)), \theta \in [0,1].$$

另外, 积分余项也告诉我们, 若 $f(x)$ 在 $U(a)$ 有 $(n+1)$ 阶导数, 则

$$R_{n+1} = O((x-a)^{n+1}).$$

这个条件和结论都比小 $o$ 余项强.

拉格朗日余项也可以从积分余项导出. 为此, 我们首先给出以下引理, 前述的中值定理是它的特殊情形.

**引理 6.2** 若 $u(x) \geqslant 0, v(x) \in C([a,b])$, 且函数 $u(x)$ 及 $u(x)v(x)$ 在 $[a,b]$ 上可积, 则 $\exists \xi \in [a,b]$,

$$\int_a^b u(x)v(x)\mathrm{d}x = v(\xi) \int_a^b u(x)\mathrm{d}x.$$

**证明** 由 $v(x) \in C[a,b]$, 一定取到 $\min v(x) = m, \max v(x) = M$, 而 $u(x) \geqslant 0$, 故

$$m\int_a^b u(x)\mathrm{d}x \leqslant \int_a^b u(x)v(x)\mathrm{d}x \leqslant M\int_a^b u(x)\mathrm{d}x,$$

于是

$$m \leqslant \frac{\displaystyle\int_a^b u(x)v(x)\mathrm{d}x}{\displaystyle\int_a^b u(x)\mathrm{d}x} \leqslant M.$$

因此, $\exists \xi \in [a,b]$,

$$v(\xi) = \frac{\displaystyle\int_a^b u(x)v(x)\mathrm{d}x}{\displaystyle\int_a^b u(x)\mathrm{d}x},$$

即

$$\int_a^b u(x)v(x)\mathrm{d}x = v(\xi) \int_a^b u(x)\mathrm{d}x.$$

特别地, $(1-t)^n \geqslant 0$, 从积分余项得

$$\begin{aligned}
R_{n+1}(x) &= \frac{(x-a)^{n+1}}{n!} f^{(n+1)}(a + \theta(x-a)) \int_0^1 (1-t)^n \mathrm{d}t \\
&= \frac{(x-a)^{n+1}}{(n+1)!} f^{(n+1)}(a + \theta(x-a)).
\end{aligned}$$

这就是拉格朗日余项.

**例 6.17** 求 $\mathrm{e}^x$ 的积分余项和柯西余项.

**解** 直接利用上述公式, 有

$$e^x = \sum_{k=0}^{n} \frac{x^k}{k!} + \frac{x^{n+1}}{n!} \int_0^x (1-t)^n e^{tx} dt$$

$$= \sum_{k=0}^{n} \frac{x^k}{k!} + \frac{x^{n+1}}{n!} (1-\theta)^n e^{\theta x}.$$

## 习　　题

1. 按照定义求 $\int_0^1 x^3 dx$.

2. 若函数 $f(x)$ 在区间 $[0,1]$ 上可积, 且 $M = \sup_{x \in [0,1]} |f(x)| = 1$. 定义函数

$$\tilde{f}(x) = \begin{cases} 2, & x = 0.1, 0.2, \cdots, 0.9, \\ f(x), & \text{其他}, \end{cases}$$

证明 $\tilde{f}(x)$ 在区间 $[0,1]$ 上可积.

3. $f(x) \in C[0,1]$ 可积, 且 $\int_0^1 f^2(x) dx = 0$, 试证明 $f(x) \equiv 0$.

4. 举例说明存在以下情形: $f(x)$ 在区间 $[0,1]$ 不可积, 而 $(f(x)-1)^2$ 在该区间上可积.

5. 求下列定积分:

(1) $\int_0^\pi \sin(x+2) dx$;

(2) $\int_{\frac{\pi}{6}}^{\frac{\pi}{2}} \cot x \, dx$;

(3) $\int_1^{\ln 3} x e^{x^2} dx$;

(4) $\int_e^{e^4} \frac{(\ln x)^3}{x} dx$;

(5) $\int_{\frac{\pi}{3}}^\pi x \cos x \, dx$;

(6) $\int_1^4 \frac{x}{1 + \sqrt{1 + x^2}} dx$;

(7) $\int_1^2 \frac{x}{(2 + 3x)(x + 2)^2} dx$;

(8) $\int_0^1 (\sin x)^6 dx$;

(9) $\displaystyle\int_1^4 \sqrt{25 - x^2}\mathrm{d}x$;

(10) $\displaystyle\int_0^\pi \cos mx \cos nx\mathrm{d}x \ (m, n \in \mathbb{Z})$;

(11) $\displaystyle\int_0^{\frac{\pi}{2}} \cos nx \cos^n x\,\mathrm{d}x \ (n \in \mathbb{N})$;

(12) $\displaystyle\int_0^{\frac{\pi}{2}} \mathrm{e}^{\alpha x}\sin \beta x\mathrm{d}x$.

6. 求证:

(1) 奇函数的原函数为偶函数, 周期函数的原函数为周期函数;

(2) $\displaystyle\int_0^a x^2 f(x^2)\mathrm{d}x = \frac{1}{2}\int_0^{a^2} xf(x)\mathrm{d}x$;

(3) $\displaystyle\int_{-\frac{\pi}{2}}^{\frac{\pi}{2}} xf(\cos x)\mathrm{d}x = 0, \int_0^\pi xf(\sin x)\mathrm{d}x = \frac{\pi}{2}\int_0^\pi f(\sin x)\mathrm{d}x$;

(4) $\displaystyle\int_0^x f(x)(x - t)\mathrm{d}t = \int_0^x \left(\int_0^t f(x)\mathrm{d}x\right)\mathrm{d}t$;

(5) 若函数 $f(x), g(x)$ 连续 (本书下册将会证明连续函数在闭区间上一定可积),

$$\left(\int_a^b f(x)g(x)\mathrm{d}x\right)^2 \leqslant \int_a^b (f(x))^2\mathrm{d}x \cdot \int_a^b (g(x))^2\mathrm{d}x.$$

7. 设 $f(x)$ 在 $[-\pi, \pi]$ 上连续, 满足 $\displaystyle\int_{-\pi}^\pi f(x)\mathrm{d}x = 0$, 且对任何正整数 $n$,

$\displaystyle\int_{-\pi}^\pi f(x)\cos nx\mathrm{d}x = \int_{-\pi}^\pi f(x)\sin nx\mathrm{d}x = 0.$ 求证: $f(x) \equiv 0$.

8. 求极限

$$\lim_{n\to+\infty} \frac{1^3 + \cdots + n^3}{n^4}.$$

9. 求下列曲线围成图形的面积:

(1) $y = x, y = 2x, y = 3(x - 2)$;

(2) $y = 4x^2, x = y^2$;

(3) $r = 4\cos\theta, r = \cos\theta + 2$;

(4) $x^{\frac{2}{3}} + y^{\frac{2}{3}} = a^{\frac{2}{3}}$.

10. 求由下列曲线的弧长:

(1) $x = \cos t + t\sin t, y = \sin t - t\cos t \ (t \in [0, 2\pi])$;

(2) $y = \sqrt{x} \ (x \in [0, 1])$;

(3) $x^{\frac{2}{3}} + y^{\frac{2}{3}} = a^{\frac{2}{3}}$.

11. 求椭球体 $\dfrac{x^2}{1^2} + \dfrac{y^2}{2^2} + \dfrac{z^2}{3^2} = 1$ 的体积.

12. 证明由区间 $[a, b]$ 上非负连续函数 $f(x)$ 绕 $y$ 轴旋转一圈围成的旋转体体积为

$$\int_a^b 2\pi x y(x)\mathrm{d}x.$$

13. 求 $x = t - \sin t, y = 2 - \cos t$ 绕 $x$ 轴旋转所得旋转体体积, 以及它与 $y = 1$ 围成图形绕 $y$ 轴旋转所得旋转体的体积.

14. 求椭球体 $\dfrac{x^2}{1^2} + \dfrac{y^2}{2^2} + \dfrac{z^2}{2^2} = 1$ 的表面积.

15. 求 $x^{\frac{2}{3}} + y^{\frac{2}{3}} = a^{\frac{2}{3}}$ 绕 $x$ 轴旋转所得旋转体的表面积.

16. 求双纽线 $r^2 = 2a^2 \cos 2\theta$ 绕极轴旋转所得旋转体的表面积.

17. 如果某星球密度均匀为 $\rho$, 半径为 $R$. 只考虑它的引力, 把一个质量为 $m$ 的小球从星球的球心沿半径方向推到球面外 $H$ 高度需要做功多少?

18. 写出 $f(x) = \sqrt{x}$ 在 $x = 4$ 处泰勒展开到 $O((x-4)^3)$ 阶的表达式, 并写出积分余项.